应用型本科系列规划教材

航空维修技术

主　编　郝红武

副主编　余斌高

编　者　郝红武　余斌高

　　　　李　锋　褚芳芳

西北工业大学出版社

西安

【内容简介】 本教材共分 4 章,第 1 章介绍航空维修工作所需的基本技能,涵盖航空维修工作的各项基本技能性要求。第 2 章为典型传动系统的检查和调整,介绍针对机械系统可调整部分进行调整的程序和方法。第 3 章为典型航线工作,涵盖飞机加油、充气、顶升、牵引、清洁、润滑和绕机检查等典型航线工作。第 4 章为系统故障诊断与处理,介绍典型系统的故障一般排除思路和过程,并以相应民机和军机故障隔离程序为例,说明故障排除过程。

本教材可作为高等院校航空类相关专业的教材,也可作为航空维修一线员工进行故障排除工作的参考用书。

图书在版编目(CIP)数据

航空维修技术/郝红武主编. —西安:西北工业大学出版社,2020.5
ISBN 978 - 7 - 5612 - 7069 - 1

Ⅰ. ①航… Ⅱ. ①郝… Ⅲ. ①航空器-维修-高等学校-教材 Ⅳ. ①V267

中国版本图书馆 CIP 数据核字(2020)第 065455 号

HANGKONG WEIXIU JISHU

航 空 维 修 技 术

责任编辑:张 潼		策划编辑:蒋民昌	
责任校对:胡莉巾		装帧设计:董晓伟	

出版发行:西北工业大学出版社
通信地址:西安市友谊西路 127 号   邮编:710072
电　　话:(029)88491757,88493844
网　　址:www.nwpup.com
印　刷　者:陕西向阳印务有限公司
开　　本:787 mm×1 092 mm   1/16
印　　张:12.25
字　　数:321 千字
版　　次:2020 年 5 月第 1 版   2020 年 5 月第 1 次印刷
定　　价:40.00 元

前　言

为进一步深化应用型本科高等教育的教学水平,促进应用型人才的培养工作,提升学生的实践能力和创新能力,提高应用型本科教材的建设和管理水平,西安航空学院与国内其他高校、科研院所、企业进行深入探讨和研究,编写了"应用型本科系列规划教材"系列用书,包括《航空维修技术》共计30种。本系列教材的出版,将对基于生产实际,符合市场人才的培养工作具有积极的促进作用。

航空维修技术内涵丰富,主要包括以下几方面:一是一线飞机维护和修理的具体工艺和方法;二是故障研究,即故障规律、故障预测、故障预防和排除的方法;三是航空器质量检查和监视;四是环境、工作载荷和机械老化对航空器的影响;五是维修方案。

从航空维修的工作方式来讲,航空维修工作随着航空维修思想的变化而发展,走过了定期检修、视情维修到状态监控的历程。航空维修手段也由最初的拆修过渡到利用状态监控设备进行状态指示,利用测试系统进行故障诊断,利用孔探设备进行内部表面检查,利用仪器检查滑油成分和理化参数判断发动机磨损情况,利用振动监测判断飞机故障等等。

本教材按照应用型人才培养目标,围绕航空维修一线员工的岗位能力需求,从介绍基本技能要求到机械系统的检查和调整,再到主要外场工作,最后介绍典型系统的故障一般排除思路。本教材中列举了大量的军民机工作单,使学生能对照着理解并区分不同机型、军民机不同体系下维修工作的异同。

本教材框架由郝红武统筹规划,任主编。第一章由李锋编写;第二章钢索传动部分由褚芳芳编写,其余部分由余斌高编写;第三章的原则部分由余斌高编写,军机工作单部分由李锋编写,民机工作单部分由褚芳芳编写;第四章中,原则部分由余斌高编写,民机部分由褚芳芳编写,军机部分由郝红武编写。

本教材的编写在内容框架规划期间,与中国试飞研究院张增民高级研究员进行过反复沟通,共同确定了本教材的编写大纲,同时在教材内容的编写过程中,得到了幸福航空、海南航空等多家民航单位的支持,在此一并表示感谢。

由于水平有限,书中不足之处,恳请读者批评指正。

编　者
2020 年 3 月

目　　录

第1章　航空维修基础知识

1.1　航空维修中的安全防护

安全防护是航空维修生产过程中首先要予以关注的问题,只有确保了维修过程中人员的自身安全和飞机等设备的安全,才能保证有效的生产。因此,在航空维修的各种场合下的安全规则是航空维修人员必需严格遵守的行为准则。

1.1.1　一般安全规定

一般安全规定是维修工作人员在工作场合应遵守的基本通用规则,与具体机型无关,主要包括以下方面:

(1)工作区域的人员穿着和行为要求;

(2)工作区域的车辆和设备的运行和管理要求;

(3)进行维修工作时的一般安全和程序要求;

(4)出现紧急情况时的应急处理要求。

1.1.1.1　军机维修场所的一般安全规定

(1)飞机停放地点的秩序要求。

1)所有工具、设备和取下的飞机蒙布、舱盖等,要摆放整齐。

2)在飞机停放地点,不能摆放与维护工作无关的东西。

3)在飞机停放地点工作时,要遵守工作纪律和安全规则,不许开玩笑或打闹;工作结束后,要整理工具、设备,并把飞机周围打扫干净。

4)车辆靠近飞机时,要有专人指挥。

(2)在停机坪和掩体内工作时的防火安全规定。

1)严格遵守加油、充氧、通电、加温和试车等工作的防火安全规则;通常是通电服从于加油(燃料),加油服从于充氧。

2)及时清除飞机周围的易燃物;禁止随地泼洒燃料、润滑油、特种液体及乱扔有油污的抹布、油纸等易于引起火灾的东西。

3)严格控制明火:在距离飞机 25 m 以内,禁止点燃喷灯和加温设备,并禁止吸烟。

(3)在机库和厂房内工作时的安全规定。

1)将飞机推入机库和厂房前,要查明其燃料系统有无漏油现象,并取下蓄电瓶和各类弹药。

2)除飞机本身所带的燃料、润滑油、氧气、枪炮弹外,在机库和厂房内不许存放油料、氧气、弹药等易燃易爆品,也不许进行抽油加油、充放氧气、装退弹药等工作。

3)在机库厂房内进行维修工作时,必须遵守有关安全规定,严格控制一切易于引起火灾的工作。不允许进行发动机的启动和加温、机件跳火花试验,以及电焊、气焊等工作。在厂房内只允许用电烙铁进行锡焊。

4)在机库内不得给飞机通电。在厂房内给飞机通电,事先必须把飞机上的燃料放出,如果没有放出燃料,只允许给收放起落架通电。

5)使用工作灯和电气工具时要注意安全,防止跳火。工作灯和电气工具的导线和插头要良好绝缘,工作灯应当使用低压电源并有保护罩。

6)在机库和厂房内及其周围 25 m 内,禁止使用明火,禁止吸烟。

7)合理配置飞机和维修设备的摆放位置,避免堵塞机库的大门和通道,以便在万一发生火灾时能迅速实施抢救。

8)飞机停放地点应配置足够数量的灭火设备。

(4)上飞机工作时的规定。

工程机务人员上飞机工作时,应该做到十不准,其内容如下:

1)不准穿硬底或外露钉子的鞋;

2)不准任意攀登;

3)不准乱刻乱画;

4)不准踩踏活动舵面、航炮和座舱密封胶带;

5)不准不垫脚踏布进行工作;

6)不准携带与维护工作无关的易燃、易爆和容易遗留在飞机上的物品(如打火机、火柴、小刀、硬币等);

7)不准把工具、机件直接放在蒙皮上,不准随意乱扔开口销、保险丝;

8)不准擅自扳动与所进行的工作无关的操纵手柄、开关、电门和按钮;

9)不准未经正规培训的人员上飞机工作;

10)不准未经本机机械师许可进行工作。

1.1.1.2 民机维修的一般安全规定

民航维修场所规定的一般安全规定主要包括以下内容:

(1)所有维修工作人员进入工作区域,必须佩戴与工作或通行区域相符的有效证件,证件不得涂改和转让他人,过期或辨认不清要及时更换,发现丢失立即报告。无关人员不得在工作现场逗留。

(2)维修工作人员在工作现场应按照规定路线通行;接送航空器或指挥航空器试车必须在规定的区域占位,维修人员要遵守现场规章制度。工作现场严禁吸烟。

(3)维修人员执行作业时,应按规定使用劳动保护用品。长发应盘起并置于工作帽内,不准穿高跟鞋,工作服口袋应能封闭,防止物品掉出导致外来物损伤(Foreign Object Debris,FOD)事故发生。

(4)在客舱内工作时,鞋底保持清洁或穿鞋套,过道地毯上应有垫布,工作服和手套应整洁,座椅应套上防护罩,不得随意踩踏座椅。

(5)在机翼、机身上工作时,要穿工作鞋或垫踏布,只能在规定的部位行走和踩踏,严禁穿带钉子的鞋在飞机上工作。

(6)禁止使工作梯、特种车辆直接接触飞机(一般应保持 20～70 mm 距离),各类车辆和设备必须保持完好和清洁,工作结束后放回规定的区域。机动设备应关断动力源,备有刹车和稳定装置的设备应将其置于规定的状态位置。

(7)工具要三清点,即工作前、工作场所转移、工作后清点。机坪和飞行区内杜绝任何外来物,以避免发生外来物损伤(FOD)。

(8)维修工作人员应熟悉在紧急状态下的自救和处理意外事故的方法。

1.1.2　防火安全

了解火源的种类和特点,熟悉各种灭火设备的使用以及灭火方法,是最大可能避免发生火灾和最大程度降低火灾损失的前提。

1.1.2.1　火的种类和标识

按照国际防火协会分类,火基本有 4 种类型。

A 类火:由普通燃烧物,例如木材、布、纸、装饰材料等燃烧引起的火。

B 类火:由易燃石油产品或其他易燃液体、润滑油、溶剂、油漆等燃烧引起的火。

C 类火:通电的电气设备燃烧引起的火。

D 类火:由易燃金属燃烧引起的火。

这 4 类火的标志如图 1-1 所示,其中 A 类为绿色背景;B 类为红色背景;C 类为蓝色背景;D 类为棕色背景。

图 1-1　火的种类

1.1.2.2　灭火剂的种类和选择

灭火剂是指能够有效终止燃烧的物质。常用的灭火剂有水系、泡沫、二氧化碳、干粉、卤代烷等。表 1-1 列举了几类典型灭火剂的性能特点。

表 1-1　灭火剂种类和性能

类　别	性　能	备　注
水系	冷却终止燃烧;受热汽化,体积增大,阻止空气进入燃烧区,使燃烧因缺氧而窒息熄灭	油类、金属、电器和高温设备不能使用
泡沫	在液体表面生成凝聚的泡沫漂浮层,起窒息和冷却作用,主要有化学泡沫和空气泡沫	可用于可燃、易燃液体
二氧化碳	液态二氧化碳汽化产生燃烧物表面窒息,同时吸收热量而起到冷却作用	用于电气设备及油类的初起火灾

续表

类 别	性 能	备 注
干粉	干燥易于流动的微细固体粉末,主要是具有灭火作用的基料,如碳酸氢钠、磷酸盐等	用于石油、有机溶剂、可燃气体和电气设备初起火灾
卤代烷	对燃烧反应进行化学抑制,同时也有一定的冷却和窒息作用	各种易燃液体和电气设备火灾

为了能迅速灭火,必须按照现代防火技术、着火物质的性质、灭火剂的特性及取用是否便利等原则来选择灭火剂。表1-2列出了各类火灾对应灭火剂的选择原则。

表 1-2　灭火剂的选择

火的种类	灭火剂的选择	备注
A 类	水系灭火剂	
B 类	二氧化碳、卤代烷或化学干粉灭火剂	水易使火焰扩散,不能用水扑灭
C 类	二氧化碳灭火剂	水或泡沫灭火剂不适用
D 类	化学干粉或细沙灭火剂	水可助长燃烧,引起爆炸,不能用水扑灭

1.1.2.3　灭火设备的使用

灭火器的种类很多,按其移动方式可分为手提式和推车式;按驱动灭火剂的动力来源可分为储气瓶式、储压式、化学反应式;按所充装的灭火剂可分为泡沫、干粉、卤代烷、二氧化碳、酸碱、清水等。

外场和车间一般在规定位置配备有消防栓或清水灭火器、泡沫灭火器、干粉灭火器、二氧化碳灭火器等。图1-2是常见的灭火设备。

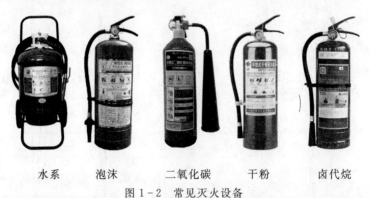

水系　　泡沫　　二氧化碳　　干粉　　卤代烷

图 1-2　常见灭火设备

(1)灭火设备的使用方法。

灭火设备的开启方法有压把法、颠倒法和旋转法,不同设备操作流程有所区别,典型灭火设备的使用方法见表1-3。

表 1 - 3　灭火器的使用方法

灭火器名称	手提式使用方法	推车式使用方法
泡沫灭火器	手指压紧喷嘴;颠倒瓶身,上下摇晃;松开喷嘴,将泡沫喷到燃烧物表面	逆时针转动手轮,开启瓶阀,卧倒瓶身,上下摇晃几次;握住喷射嘴,打开阀门,将泡沫喷到燃烧物表面
二氧化碳灭火器	拔掉保险销或铅封,握住喷筒的提把,对准起火点;压紧压把或转动手轮,二氧化碳自行喷出	卸下安全帽,取出喷筒或胶管,握住喷筒的提把,对准起火点;逆时针方向转动手轮,二氧化碳自行喷出
干粉灭火器	撕开铅封,拔去保险销,对准火源;一手握住胶管,一手按下压把,干粉自行喷出	取出喷管,放开胶管,开启钢瓶上的阀门;紧握喷管,对准火源;压开开关,干粉自行喷出

(2)灭火时应注意的问题。

灭火时,首先要保证人员的自身安全,灭火操作时要注意如下问题:

1)灭火前应尽快关断电源。

2)灭火时应使用灭火剂对准火焰根部喷射。

3)有些灭火剂遇热能分解出有毒气体,注意不要吸入,因此,进入火区时,要从火头低的方向顺风进入。

4)灭火时,一开始就全开灭火剂,火焰熄灭后,要继续喷射一些灭火剂,以防重新燃烧。

5)在发动机上,只有紧急情况下才使用泡沫灭火剂。在使用泡沫灭火剂后,要及时清洗发动机。

1.1.2.4　停机坪和车间的防火安全管理

停机坪通常要设置"严禁烟火"的标志。机场的每个站位、飞机停放位置或沿停机坪长度 60 m 内应该有灭火器材箱,配备一定容量的推车式灭火器或手提式灭火器。距离航空器 15 m 范围内,不应该有任何明火,如果有明火作业,必须获得停机坪主管部门签发的作业许可证。在机坪运行的勤务车辆和服务设备上至少配备一台 6.8 kg 的手提式灭火器,这些车辆包括:空调车、牵引车、气源车、电源车、工具车和除冰车。工作人员要经过消防培训(包括消防器材的使用)。

消防器材一般有规定的有效期。不同消防器材必须按照各自有效期进行定期的检查和更换。具体规定如下:

(1)无论灭火器是否已使用,如达到规定的使用期限,必须送交维修单位进行水压试验检查(具体参考设备说明)。

(2)灭火器每次使用后,必须送到有授权的单位进行检查,重新充装灭火剂和驱动气体。

(3)应按照消防器材规定条件存放灭火器,如环境温度、安放高度、日照情况、相对湿度等条件。

1.1.3　电气安全

1.1.3.1　用电常识

人体触电常见的有单相触电、两相触电,如图 1 - 3 所示。人体触电后电流超过安全数值时,心肺会失去收缩功能,血液循环停止,从而引起细胞组织缺氧,10～15 s便失去知觉,几分钟后,神经细胞开始麻痹,继而死亡。

人体触电伤害程度的轻重,与通过人体的电流大小、电压高低、电阻大小、时间长短、电流途径和自身体质状况等有直接关系。我国规定 36 V 及以下电压为安全电压。

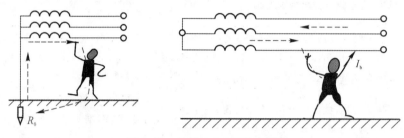

图 1-3　单相触电和两相触电

1.1.3.2　电器设备使用安全要求

车间设备和飞机使用的电压种类较多,电源来源也各不相同,使用时注意如下事项:

(1)地面电源向飞机供电的电压、频率和相位,必须符合该型飞机的手册规定。

(2)停放在机库或正在检修的飞机,接通机上或地面电源须经现场维修负责人同意。

(3)使用 220 V/380 V 交流电源,必须由专业电工接线操作。

(4)在飞机维修工作中,当断开有关电路时,应挂红色警告牌;重新接通电路时,应通知机上正在工作的其他人员,防止人员伤害或设备损坏。

(5)维修人员离开飞机时,应将机上和地面电源关断。

(6)对油箱进行维修时,要使用良好的防爆工作灯或手电筒。

(7)燃油系统正在进行维修工作时,禁止接通电源。

(8)正在进行喷漆(退漆)或其他需要使用易燃液体的工作时,禁止接通电源。

(9)飞机充氧勤务时,禁止接通电源。

1.1.3.3　触电的紧急救护措施

触电急救的基本原则是在现场保护伤员生命,减轻伤情,并根据伤情迅速联系医疗部门救治。

一旦发生触电事故,应立即切断电源或隔离电源,如发现伤员呼吸和心跳停止,应就地仰面躺平,确保其气道畅通,并迅速进行人工呼吸、胸外心脏按压、氧气吸入或注射呼吸兴奋剂等应急救护。急救时动作要快、操作须正确,任何拖延和操作错误都会导致伤员伤情加重或死亡。

1.1.4　危险化学品的安全保护

国际航空运输协会把在运输、装卸或储存保管过程中容易造成人身伤亡和财产损毁而需要特别防护的物品均列为危险化学品。

航空器维修中经常会接触各种危险化学品,溶剂类如丁酮、油漆及稀释剂、退漆剂、环氧树脂溶剂、聚酯树脂溶剂、风挡玻璃清洗剂及航空器清洗剂等;油类如燃油、液压油、发动机滑油、汽油等;酸碱液类如电解液、铅酸电瓶的酸液、阿洛丁等;其他类如玻璃纤维、碳纤维、氟利昂、泰氟隆、水银等。

1.1.4.1　危险化学品的识别

依照《常用危险化学品的分类及标志》(GB 13690—1992)将危险化学品分为以下8大类，其包装标志如图1-4所示。

(1)爆炸品；

(2)易燃气体；

(3)易燃液体(按照闪点划分低中高，其中中闪点液体−18℃≤闪点<23℃)；

(4)易燃固体(易燃固体，自燃物品，遇湿易燃物品)；

(5)氧化剂和有机过氧化物；

(6)有毒品；

(7)放射性物品；

(8)腐蚀品(酸性腐蚀品，碱性腐蚀品，其他腐蚀品)。

图1-4　危险品的包装标志

1.1.4.2　常用化学品的防护

(1)易燃材料的安全使用。

易燃性材料指开杯闪点低于130℉(约54.4℃)的任何材料，例如各种酮类材料和酮溶剂、酒精类、石油、各种漆类材料和稀释剂、汽油、煤油、干燥剂、涂布油、各种清洗液和其他挥发性溶剂等。航空燃油是接触最多的易燃材料，具有挥发性、可燃性、腐蚀性。在使用易燃材料的工作中必须注意如下规则：

1)在现场使用的易燃材料，只能存放在合格的、不渗漏的有盖容器内，除有专门规定外，不准使用易燃材料的混合液。

2)使用易燃材料应远离明火、火花、电气开关及其他火源。使用易燃材料的房间或区域严禁吸烟,并严禁使用防爆电气设备。工作人员不得穿着化纤的衣服或使用化纤材料的抹布,衣袋中不要装打火机。

3)使用易燃性材料的场所,应有良好的通风设施,必要时,工作人员应戴口罩或防毒面具。使用有毒性材料,应避免直接接触皮肤(戴防护手套或使用其他防护材料)。

4)接触易燃材料如引起不良反应,应立即脱去被污染的衣服,污染的地板和设备应用清水冲洗,受影响的人员要转移到有新鲜空气的环境中去或立即请医生治疗。

(2)常见油液的安全防护。

机务维修工作中要使用各种油液,如液压油、滑油、燃油以及各种油漆和密封胶等,其中某些油液对身体有害,使用时要特别注意安全防护。

1)液压油。液压油有较强的腐蚀性和刺激性,特别是磷酸酯基液压油(紫油)。维修液压系统时必须穿戴专用工作服及手套、眼镜、口罩等,操作间必须保持良好的通风。如果皮肤、眼睛不慎接触了液压油应用清水彻底清洗,必要时及时就医处置。

2)润滑剂。飞机使用的润滑剂一般分为三类:润滑油、润滑脂和固体(气体)润滑剂。

通常加注滑油或更换滑油部件时,必须小心操作不能让滑油长时间接触皮肤,注油时要戴橡皮手套。飞机在进行润滑时,经常配套使用清洗剂、防咬剂和防腐剂等。这些化学品多数有强的腐蚀性和毒性,如防咬防腐 BMS3-27,使用时必须进行安全防护,避免直接接触皮肤或眼睛,一旦接触到,要立刻用水冲洗并及时医治。

3)燃油。航空燃油主要有航空煤油和航空汽油。一般航空燃油的铅含量较高,长时间接触对皮肤有损伤,对脑部刺激较强烈。身体接触燃油后,应用肥皂水清洗。汽油进入眼内应用低压流动水或橄榄油冲洗眼睛,严重时应请医生治疗。检查油量和加油时,应站在上风口位置。

航空器地面加油和放油时,要对操作场所(消防安全)、天气条件(雷电)、车辆设备(静电接地)、电气设施(电源管理)、通信设施(高频辐射)和溢油情况等进行检查,如发生溢油要立刻停止加油,并根据溢油面积进行相应处理。

1.1.4.3 其他化学品的防护

接触环氧树脂、酚醛树脂、氟利昂、电池液、电解液、电镀液、玻璃纤维等有毒物质时应戴防护手套和防护眼镜,工作场所必须通风以避免上述物质的雾气聚集。

维修人员在工作过程中,避免直接接触水银。在水银污染区工作,要有足够的通风,以避免吸入水银蒸气。所有清除水银过程中使用的工具,需要用肥皂水、热水或蒸汽清洗。

1.1.5 气瓶的使用和安全防护

气瓶按公称工作压力分为高压气瓶和低压气瓶,高于 8 MPa(1 160 psi)的为高压气瓶,低于 8 MPa 的为低压气瓶。维修车间的气体通常以高压气瓶的形式存放,因此高压气瓶是机务维护经常使用的设备。由于压缩气体会对人体造成损伤,使用时要注意安全。地面高压气瓶的安全使用涉及气瓶的运输、储存、使用和充灌等。

1.1.5.1 气瓶储运安全规则

气瓶储存运输过程中要遵守如下安全规则:

(1)必须拧好瓶帽(有防护罩的除外),轻装轻卸,严禁抛、滑、滚、碰。

（2）气瓶装卸时严禁使用电磁起重机和链绳,气瓶在运输过程中应可靠固定。

（3）如高压气瓶内的气体接触会引起燃烧、爆炸,应分类运输。易燃、易爆、腐蚀性物品或与瓶内气体起化学反应的物品,严禁混合运输。

（4）夏季运输应有遮阳设备,避免暴晒。

（5）气瓶应置于专用仓库储存,仓库内应通风、干燥,避免阳光直射。

（6）空瓶与实瓶应分开放置,并有明显标志。气瓶放置整齐,装好瓶帽和橡皮护圈。竖放时,要妥善固定;横放时,头部朝向同一方向,垛高不宜超过五层。

1.1.5.2　气瓶使用规则

气瓶属于压力容器,本身具有危险性,同时,不同的气体有各自规定的气瓶,使用气瓶时要遵循如下要求:

（1）不应擅自更改气瓶的钢印和颜色标记。

（2）气瓶使用前应进行安全状态检查,对气体种类应进行确认,并建立档案记录。

（3）气瓶的放置地点,不应靠近热源,要距明火 10 m 以外;严禁在气瓶上进行电焊。

（4）气瓶竖放时应采取防倒措施。

（5）严禁敲击、碰撞气瓶,夏季应防止暴晒。

（6）瓶内气体不应用尽,必须留有剩余的压力,瓶内剩余压力不应小于 0.05 MPa。

（7）打开气瓶阀门前应检查管路连接正确可靠,严禁气体出口对准人体,以免发生事故。

（8）使用瓶内的气体,应采用必要的减压措施,正确调整使用压力以免发生事故;任何高压气瓶,打开阀门时要缓慢,以减轻气体摩擦和冲击,关闭阀门时要轻而严,避免太紧。

（9）我国的助燃和不可燃气体瓶阀为右旋打开,可燃气体瓶阀为左旋打开。

1.1.5.3　氧气的使用规则

氧气是助燃气体,充氧区域周围严禁存在滑油、油脂、易燃溶剂、灰尘、棉絮、细小金属屑或其他易燃物质,避免与高压氧气接触引起着火或爆炸。航空器的充氧要遵循下列安全规则:

（1）充氧工作必须安排在通风良好的户外进行,并采取相应的防火措施。在机库内不允许进行充氧操作。

（2）雷电天气禁止对航空器进行充氧。

（3）航空器充氧时禁止加/放燃油、通电以及从事其他可能引起电弧火花的维修工作。

（4）航空器和充氧设备必须接地良好,充氧设备离航空器的距离不应小于 2 m,在充氧设备 15 m 半径范围内严禁明火和吸烟。

（5）只有规定人员才可使用氧气设备,同时要严格按照规章操作。

（6）液态氧气接触皮肤会导致冻伤。机舱内有泄漏的氧气时要立刻进行通风处理。

1.1.6　红色警告标记

红色警告标记是提示相关人员禁止使用或操作设备;提醒工作人员完成工作后及时取下有关工具和设备,恢复航空器状态,以免损坏机件或危及维修人员安全。常用红色警告标记一般有红色警告飘带、红色警告牌和红色警告条。

1.1.6.1　红色警告飘带和红色警告条

红色警告飘带(见图 1-5)为挂附于飞机起落架安全销、各种管套和专用工具等上面的红色标记,用于提醒维修人员在飞机起飞前取下。条带一般是红色阻燃带,条带上有白色荧光中英文字样。特殊红色警告条一般为 50 mm 宽可拉伸的条带,灵活应用于通道、门和临时区域的警告。

1.1.6.2　红色警告牌

红色警告牌(见图 1-6)是用于规定禁止操作、禁止使用、缺件信息的红色警告标记,其上印制有相关说明、使用记录和签署等栏目,使用者须签署姓名,申明警告信息,如"系统/组件危险！不要操作！""此系统部件已拆除,不能使用",同时写明拆下零部件的名称、件号、日期或其他说明。

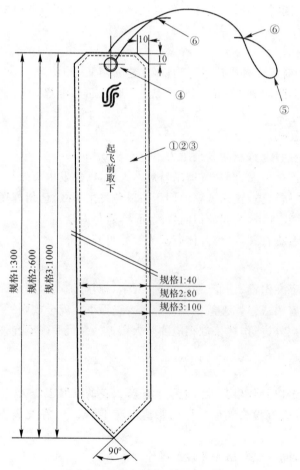

①②③—为不同规格的红色警告条带;
④—扩圈,内径 10,材料为塑料;
⑤—线圈,直径 1.6,长度 250;　⑥—搭扣
图 1-5　红色警告飘带

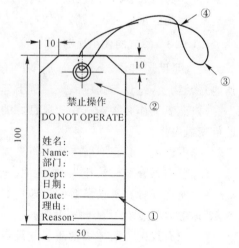

①—红色警告标牌;　②—护圈,内径,10,材料为塑料;
③—线圈,走私 1.6,长度 250;　④—搭扣
图 1-6　红色警告牌

1.1.6.3　红色警告标记的应用

红色警告标记一般挂在明显部位,如驾驶杆、操纵杆、电门、开关、手柄、有故障的零部件上或缺件的安装座上,以免工作人员在某些运动部件附近作业时以及电气系统和设备正在进行

维修工作时误操作而导致意外。

红色警告标记警告信息一般有发动机未加滑油,液压系统未加液压油,飞机操纵面未安装好,设备、附件未安装好,管路、导线、钢索、拉杆未安装好。

1.1.7　其他劳动保护

劳动保护是工作人员工作中的必要安全防护,除电、气和危险品等重要安全防护外,其他方面的危害仍然危及人身安全,如高空作业、发动机噪声和安全通道等。

1.1.7.1　听力和视力保护

影响听力的主要因素是发动机的噪声。当发动机在高功率(大于 85% 最大巡航推力)时,距飞机 50 m 内应使用耳套和耳塞,50~120 m 之间应使用耳塞。当发动机在低功率(小于 85% 巡航推力)工作时,如停机坪运转、低功率试车、滑行时等距飞机 10 m 内,应使用耳套和耳塞,10~50 m 内应使用耳塞。图 1-7 所示为常见的耳塞和耳套形式。

图 1-7　耳塞和耳套

影响视力的外界因素主要是外伤和有害光线。

在下列环境中工作或操作设备时,应戴上合适的防护眼镜:

(1)铆接、錾凿、打孔、冲压,以及用软金属工具敲击的工作;

(2)弯曲、成形、矫直、紧装配等用金属手动工具对设备和材料敲击的工作;

(3)切割时会甩出碎屑的工作;

(4)操作砂轮机、喷砂机、抛光机和金属丝砂轮时;

(5)用酸、碱喷洗和其他有害液体或化学药品作业;

(6)焊接和等离子喷涂;

(7)在强烈阳光照射的机体表面或雪地条件下工作。

1.1.7.2　高空作业保护

操作高空设备的人员,必须接受过相应培训并持有高空作业许可证书或相关证明文件。GB 3608—1993《高处作业分级》规定:"凡在坠落高度基准面 2 m 以上(含 2 m)有可能坠落的高处进行作业,都称为高处作业。"高空作业人员要求如下:

(1)执行高空作业的人员须身体健康,无任何被医学上视为不适合高空作业的病症;不得带病作业。

(2)执行高空作业的人员,在执行高空作业前,要学习相应高空设备上的有关提示、允许和禁止事项,并遵照执行。

（3）执行高空作业时若发现意外情况，马上停止一切作业，立即上报。

1.1.7.3　发动机安全区域

发动机在地面试车和启动时的危险区域有：进气道危险区、排气危险区和噪声危险区。进气道危险区会将人或地面污染物吸入发动机内；排气具有高速、高温和气体污染的特点，此危险区会对人和设备造成危害；在噪声危险区内长时间停留会对人的听力造成损害，所以应带上护耳装备。

发动机的危险区域与发动机的推力有关，推力越大，危险区域范围越大。一般在发动机启动前，地面维护人员应观察并确信滑行道周围道面清洁，没有冰、雪、油污或其他外来物，不存在其他可预见的不安全因素，包括过往人员、过往车辆及自身安全等。为此，负责观察发动机运转情况的地面指挥人员必须熟知该型航空器发动机在地面运行时的危险区域。图 1-8 和图 1-9 是波音 737NG 飞机地面慢车运行和起飞推力时发动机进气口和排气口附近的危险区域示意图。

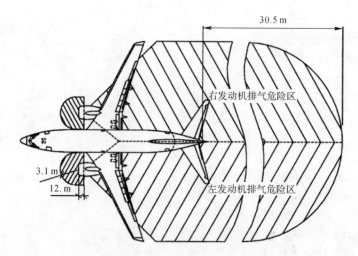

图 1-8　波音 737NG 飞机地面慢车运行时进气口和排气口附近的危险区域示意图

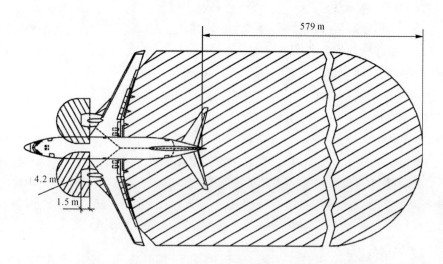

图 1-9　波音 737NG 飞机在起飞推力时进气口和排气口附近的危险区域示意图

发动机安全通道是试车时接近发动机的通道,从进、排气危险区以外的区域接近,一般仅在地面慢车时接近。当发动机使用反推力时,进气道危险区域加大,发动机没有安全通道。

1.1.7.4　机库安全

机库是设备多、空间小、安全要求高的区域,使用机库要遵循下列规则:

(1)机库内的各种设备都有定点存放区位。摆放在机库内的地面设备,如梯子、千斤顶等,使用完后,必须按画线及标识放回原位,严禁占用消防通道;不属于摆放在机库内的地面设备,必须推出机库摆放。

(2)机库的大门、天吊、电源、压缩气源等设施设备应由经培训合格人员严格按操作程序和安全规章进行操作。

(3)各种地面设备使用后,应清除污物、恢复到初始状态后,放回指定位置,放好后采用设置支脚、轮挡等手段固定,有防尘要求的应盖好防尘盖、布罩等。

(4)工作结束时应及时关断电、气源,将天吊及其小车移至一侧停放位并收短吊缆。

(5)移动地面设备时应注意移动速度和穿行飞机的间距(垂直间距和水平间距)。一般情况下,水平间距和垂直间距应不小于 5 m。水平间距过小时,应采取适当减速缓行和防擦碰等措施;垂直间距过小时,禁止穿行飞机任何部位(如大型登机工作梯必须绕过机翼推行)。

(6)严禁在机库内使用易燃、易爆、易挥发和有毒的清洗液对飞机部件和物品进行大面积的清洗工作。进行小面积清洗时,工作者应遵守防火、防爆、环境保护等有关规定,注意及时清除积存和滴落的液体,且工作时必须将机库大门和机头坞门同时打开,保证通风。

(7)严禁将任何油液排放到地面,按工作需要配备一定数量的接油盘、桶;如发现油液泄漏,必须用沙子等及时处理。

(8)机库内不允许使用金属轮挡,防止刮坏机库地面的漆层。

(9)在机库内严禁使用明火;禁止用金属物敲击的方法打开油桶和油箱盖。

1.2　维修手册及维修文件

维修手册和文件体系是航空维修过程中的最主要的关于工作程序、工作方法和维修质量控制的直接依据,是具有时效性的、针对机型的关于维修工作的根本指导文件。按照我国目前飞机对象的使用场合不同,分军机和民机分别介绍。

1.2.1　军机维修文件体系

过去,我国的飞机用户技术资料按苏联的模式进行编写,与维修工作相关的常用的技术文件有如下几种:

(1)技术说明书。技术说明书是阐述飞机的性能、构造和工作原理,并附有馈电和装配(半装配)的线路图册。

(2)使用维护细则。该资料规定使用维护飞机的基本技术规则,并附有随机工具设备和备件清单。

(3)修理细则。该资料规定修理飞机的基本规则,并附有飞机主要结合件及其修理容差的图册。

(4)飞机维护规程。该资料规定机务准备和定期检修等工作的具体内容、技术要求和操作程序。

(5)修理技术标准。该资料规定飞机使用单位修理的范围与深度,以及修理后应达到的具体技术要求。

(6)修理工艺规程。该资料规定飞机在修理中的工艺程序和方法。

(7)履历本、证明书。记载航空技术装备制造出厂时的技术状况,及使用过程中寿命、翻修时限的消耗和所做的维修工作情况。

现在,各主机厂家逐渐引入美国的模式(ATA-100和MIL),并逐渐形成了我国新的飞机用户技术资料体系,维修过程中的手册选用和查询逐渐与民航趋同。这些技术资料按照维修级别和用途的特殊性分为三类:即一类技术资料、二类技术资料和三类技术资料。各级技术资料具体对象如下:

(1)一类技术资料。

一类技术资料主要为保证飞行员操作和进行一级(基层级)维修所需的技术资料,共计25项,去除与飞行和武器系统部分外,与飞机维修相关的主要包括以下项目:飞机说明书、飞行人员检查单、飞机维修手册、飞机定期检查和维护要求(或维护规程)、飞机电路图册、飞机系统图册、飞机基本重量检查单与装载数据手册、无损检测手册、动力装置安装手册、发动机维修手册、机载设备维修手册、航空弹药技术数据手册、武器弹药存放手册、航空弹药装填程序手册、常备武器使用手册、飞机货物装载手册、地面保障设备与工具说明书、随机备件目录、推荐订货备件目录、有寿机件目录、地面保障设备与工具配套目录、履历本(或产品合格证)、服务通报、一类用户技术资料目录。

(2)二类技术资料。

二类技术资料主要保证用户进行二级(中继级)维修所需的技术资料,共计10项,具体包括以下项目:飞机图解零件目录、飞机结构修理手册、飞机故障分析手册、飞机腐蚀控制手册、发动机图解零部件目录、发动机修理手册、发动机故障分析手册、机载设备图解零部件目录、机载设备故障分析手册、专用保障设备与工具技术图册。

(3)三类技术资料。

三类技术资料是除一、二类技术资料外,由用户和承制方协商订制的,如飞机维修大纲、培训教材等技术资料。

1.2.2 民机维修文件体系和手册查询

1.2.2.1 常用的民航飞机维修文件分类及作用

飞机维护人员在飞机维护过程中会使用大量的技术文件,其中包括各类手册。手册按其适用的工作性质分为外场航线、结构无损、定检时控、深度维修四大类。这里主要介绍常用外场航线类手册。作为同一类手册,空客和波音的名称可能会不一样,下面介绍常用外场航线类手册的种类和作用。

(1)飞机维护手册(AMM)。

飞机维护手册(Aircraft Maintenance Manual,AMM)提供航线和定检维护时所需要的详细技术信息,包含系统及部件的工作描述、勤务、修理、更换、调节、检查的必需信息和正常在停机坪或维护机库完成飞机检查所需要的工具设备。该手册用来满足维修人员工作和培训的需要。

（2）图解零件目录手册（IPC）。

图解零件目录手册（Illustrated Parts Catalog，IPC）是针对飞机上的各种零部件的购买、装配、储存和生产等编写的一本手册。它在航线维护中用于确认所有航线可更换件的件号，以及用于购买备件、制定备件计划。手册给出了零部件装配图及详细零件清单，标注出了各个零部件的件号、备件信息、生产厂商、技术规范、使用数量、位置、有效性等信息。

（3）系统简图手册（SSM）。

系统简图手册（System Schematic Manual，SSM）是波音手册，该手册展示了飞机机载系统的配置、功能，电子、电气部件的工作原理，机械部件工作原理，组件位置，可用于飞机的排故及日常维护人员的培训。

（4）飞机简图手册（ASM）。

飞机简图手册（Aircraft Schematic Manual，ASM）是空客手册，内容与波音的系统简图手册（SSM）相近。该手册以系统方块图、系统简图、系统简化简图的形式展示了电子、电气部件的工作原理，系统配置，功能，电路操作，逻辑关系，可用于飞机电子电气系统的排故及日常维护人员的培训。SSM 与 ASM 的区别在于，SSM 中有液压油路、气路等机械工作原理图，ASM 只有电子、电气线路图解。

（5）线路图手册（WDM）。

线路图手册（Wiring Diagram Manual，WDM）是波音手册，手册包括飞机所有的导线连接图和各种清单，它详细描述了电子、电气部件的线路连接关系，描述了部件设备号、件号、数量、供应商，描述了面板、设备架的位置、编号，描述了导线束中各导线的型号、尺寸以及连接件的情况，描述各接头位置、插钉的使用等，可用于排除飞机上有关线路的故障。

（6）飞机线路手册（AWM）和飞机导线清单（AWL）。

飞机线路手册（Aircraft Wiring Manual，AWM）和飞机导线清单（Aircraft Wiring，AWL）是空客手册，合起来相当于波音的 WDM。AWM 只描述了飞机所有的导线连接图，可用于排除飞机上有关线路的故障。AWL 以清单的形式详细描述了电子、电气导线的连接情况。AWL 包括两个清单，即设备清单和扩展导线清单。

（7）故障隔离手册（FIM）/排故手册（TSM）。

故障隔离手册（Fault Isolation Manual，FIM）是波音手册，排故手册（Trouble Shooting Manual，TSM）是空客手册。它们向维护人员提供了推荐的故障隔离程序，用于排除故障。方便维护人员根据已知的故障现象、故障代码查找到相应的故障隔离程序。

1.2.2.2　ATA2200 规范和常用维修文件

ATA2200 规范是美国航空运输协会（Air Transport Association of America）发布的关于飞机技术资料标准的最新版本。它详细规定了飞机制造商技术资料的标准和指导原则，包括手册的结构、内容、编排、版本及更新服务，确保了民用航空器的各种产品在设计、制造、使用、维修中各种资料、文件、函电、报告、目录索引中编号的统一。它是编写各机型各类手册的依据，也是编制计划与非计划维修（护）文件的依据。它使手册的格式、内容划分、页面编排、打印、页码编制、图形及尺寸等均匀标准化，向上兼容 ATA100 规范。

ATA2200 规定的各章节内容划分如下：1～4 章是留给各航空公司编写自己公司的文件和资料；5～12 章为“总体”（General）类；20～49 章为“系统”（System）类；51～57 章为“结构”（Structure）类；60～67 章为“螺旋桨/旋翼”（Propeller/Rotor）类；70～80 章为“动力装置”

(Power plant)类;91章为"图表"(Ch 按要求 t)类。具体各章如表1-4所示。

表1-4 ATA100规定的各章节内容

章节	内容	章节	内容	章节	内容
05章	时限/维护检查	30章	防冰与排雨	61章	螺旋桨/推进器
06章	尺寸和区域	31章	仪表	62章	主旋翼
07章	顶升	32章	起落架	63章	主旋翼传动
08章	水平测量与称重	33章	灯光	64章	尾桨
09章	牵引与滑行	34章	导航	65章	尾桨传动
10章	停放与系留	35章	氧气	67章	旋翼飞行操纵
11章	标牌和标志	36章	气源	70章	发动机标准施工
12章	勤务	37章	真空	71章	动力装置
20章	标准施工	38章	水/污水	72章	发动机
21章	空调	45章	中央维护计算机	73章	燃油控制
22章	自动飞行	46章	信息系统	74章	点火
23章	通讯	49章	辅助动力装置	75章	空气
24章	电源	51章	标准施工/结构	76章	发动机控制
25章	设备/装饰	52章	舱门	77章	发动机指示
26章	防火	53章	机身	78章	排气
27章	飞行操纵	54章	吊舱/吊架	79章	滑油
28章	燃油	55章	安定面	80章	起动
29章	液压动力	56章	窗	91章	位置与图表
		57章	机翼		

ATA100规范将手册的所有页码按一定长度划分成不同区段,定义为页段,也叫页码段(Page Block,PB)。每个页段为特定页码。如 PB001 表示从 001~099 页,PB201 表示从 201~299页,以此类推,PB801 表示从 801~899 页。为了防止每个页段 99 页不够用,ATA100 规范在每个页段前加字母以增加该页段的容量。如 PB001,当用到 099 页,页码不够时,可用 A000~A099 页,对于 PB801,可用 A800~A899 页。每个页段内容是特定的,如部件拆卸,只能在 PB401 中描述。页段内容说明表 1-5 所示。

表1-5 ATA2200规范规定的页段内容

页段名称	页段编码	参考编码	说明
概述与操作	001~099	001	功能、操作、控制和部件位置的描述
故障隔离	101~199	101	介绍故障隔离程序
维护程序	201~299	201	一般的维护程序,如飞机的顶升、水平测量、舱门的开关等

续表

页段名称	页段编码	参考编码	说明
勤务	301～399	301	润滑油、燃油和液压油的加添等勤务工作程序
拆除/安装	401～499	401	航线可更换件的拆装程序
调整/测试	501～599	501	包括调节测试、操作测试、功能测试和系统测试等
监测/检查	601～699	601	包括飞机系统及系统部件的校验和各类检查
清洁/喷漆	701～799	701	包括清洁/喷漆施工程序及其安全防护措施
批准的修理	801～899	801	经过 FAA 批准的修理项目
DDG 维护程序	901～999	901	放行偏差指南维护程序

　　每项工作都被定义为一项任务,为了识别这个任务,给这些任务一个编号。Task 是指为完成特定维护任务而制订的一组工作程序,而 Sub - Task 则为其中的单独工作步骤。在任务号中包括了 ATA 章节号、页码段、功能号和飞机机型等信息。

1.2.2.3　常用手册的查询

　　(1)手册的有效性查询。手册的查询首先应确认手册对于所要维修的飞机的有效性,从以下几方面来确认:

　　1)是否是对应机队的客户化手册。一般来说,AMM/IPC/WDM/FIM/SSM 等手册都是客户化手册,查询前应确认要查询的手册是否与所要维修的飞机机队信息一致。可以在手册封面上看到手册的对应客户信息是否与所维修飞机机队信息一致。

　　2)飞机型号号码。为了防止混淆,每一种手册都列出了对应飞机的有效性,在手册的前言(Front Matter)部分记录了手册所能适用的机队所有飞机的各种号码,如:注册登记号,系列号。波音飞机的有效性对照表见表 1 - 6。应确认要维修的飞机可以在该表格中能查到。

表 1 - 6　波音飞机 AMM 手册有效性对照表(局部)

飞机型号	客户		制造商			注册号
	机队代码	有效号	批次号	序列号	生产线号	
737 - 7W0	YUN	001	YA811	29912	140	B - 2639
737 - 7W0	YUN	002	YA812	29913	148	B - 2640
737 - 7W0	YUN	003	YA813	30074	292	B - 2503
737 - 7W0	YUN	004	YA814	30075	311	B - 2502

　　3)型号特征。型号特征是由于飞机采用了不同厂商提供的设备而产生的,例如 737 - 345 飞机可以使用不同厂家的辅助动力单元(APU)。同型号的飞机由于使用不同的设备,引起性能和构造的不同叫不同构型。在手册中常用 figure1,figure2 表示不同构型。在这里应确认所要维修的飞机构型及其对应的有效号。

4)时效性。时效性是指由于文件随时间更迭,而产生的有效性问题。如:厂家定期改版或临时改版,此外还有强制执行的适航指令,需执行的服务通告、服务信函等。查询时应确认要查询的手册是否是最新修订的有效手册。

(2)手册内容的查找。手册内容通常可以根据章节号、任务单号、功能号、件号、关键字等相关信息进行查找。

例如要查询主起落架的刹车拆装程序,就可以在 AMM 手册中起落架所属章节(32 章)目录中查找对应的标题,进而查阅相应的内容。

如果不知道拆装的部件所属系统,可以根据该部件的件号标识,在手册中用搜索功能查找相关内容,在搜索结果中进行筛选。

1.3　常用工具与量具

1.3.1　常用工具

工具和量具的正确使用,是保证维修质量的前提条件;工具和量具的正确管理,是保持工具和量具的精准度、防止因维修而造成飞机上出现外来物遗留等可能的安全隐患的必要手段。因此,工具和量具的使用和管理,在航空器维修中非常重要。维修人员只有规范和熟练使用工具和量具,才能够保证维修质量,提高工作效率,确保人机安全。

1.3.1.1　手类工具

扳手是用来紧固或拆卸螺栓、螺帽的工具。扳手的大小以其扳口的宽度来表示,公制单位为毫米,英制单位为英寸。其数字通常刻在靠近板口的一侧,如在一端标记"9",表示此端扳口宽度为 9 mm,可拧转对边宽度为 9 mm 的螺栓或螺帽;如在一端标记有"1/2″",表示此端扳口宽度为 1/2 in(1 in=2.54 cm),可拧转对边宽度为 1/2 in 的螺栓或螺帽。又如在扳手中部刻有"14×17"的字样,则表示该扳手的扳口宽度一端为 14 mm,另一端为 17 mm,可用来拧转对边宽度为 14 mm 和 17 mm 的螺栓或螺帽。习惯上以各扳口的宽度为标准加种类称为"×号某扳手",例如 9 号开口扳手、14 号梅花扳手和 19 号套筒扳手等。

1.扳手的种类

常用的扳手有:开口扳手、梅花扳手、套筒扳手、内六角扳手,钩形扳手、测力矩扳手、活动扳手和棘轮扳手等。

(1)开口扳手。开口扳手又称呆扳手,分为双头和单头两种(见图 1-10)。扳手的扳口中心线与手柄中心线有约 15°的夹角,以便于在操作空间较小的部位使用。此种扳手有单件和成套的,成套的扳手有 6 件、8 件和 10 件不等,常用开口扳手的规格有 5×7、7×9,9×11、10×12、14×17,17×19、19×22,22×24、24×27,27×30、30×32、32×36、36×41 等几种。

(2)套筒扳手。套筒扳手特别适用于操作空间较狭小或凹下较深部位的六角螺栓和螺帽拧转,通常有直头和活头两种(见图 1-11)。在有些飞机上还配备了组合套筒扳手,其功能更齐全,具备多种用途,常配备有棘轮手柄、弯头手柄、滑头手柄、活络头手柄、通用手柄、摇手柄、接杆、直接头、万向接头和旋具接头等多种附件,以便配合,满足不同工作使用的需要。

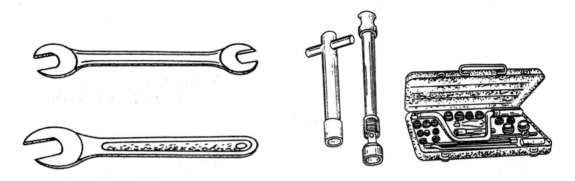

图 1－10　开口扳手　　　　　　　　　　图 1－11　套筒扳手

　　(3)梅花扳手。梅花扳手又称闭口扳手,因扳口内呈梅花形的小角而得名,分为乙字形、扁梗形和矮颈形三种(图 1－12)。该扳手可用来拧转六角头的螺栓和螺帽,适用于工作空间狭小,不能容纳普通扳手的场所,具有与螺帽接触面积大、受力均匀,不易滑脱或损坏等优点,因此航空维修中一般首选该类工具。

　　开口梅花扳手的主要特征是在梅花扳手上有开槽,便于将扳手套入管螺母,主要用于在空隙较小的部位拆装导管或附件,如图 1－13 所示。开口梅花扳手两端规格基本与其他梅花扳手一致。

　　常见的开口梅花两用扳手如图 1－13 所示,其主要特征是一端为梅花扳手。另一端为开口扳手,增加了扳手的适用性。通常两端的规格相同,常用的规格有 8、10、12、14、17,19 和 22 等几种。

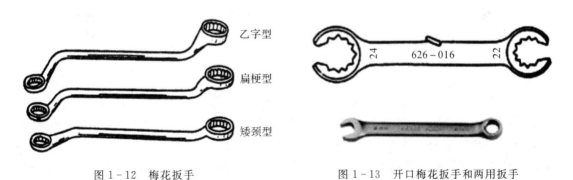

图 1－12　梅花扳手　　　　　　　　　　图 1－13　开口梅花扳手和两用扳手

　　(4)内六角扳手。内六角扳手(见图 1－14)是拆装内六角螺钉或螺栓的工具,常用的规格有 3、4、5、6、7、8 等几种。它具有套筒扳手的优点,使用方便。

　　(5)钩形扳手。钩形扳手(见图 1－15),又称月牙扳手或圆螺母扳手,专供紧固或拆卸导管的圆螺帽时使用。有固定头和活动头两种,活动头形式的钩头部分可以转动,以适应不同直径的螺帽拆装。

　　(6)棘轮扳手。棘轮扳手(见图 1－16)是一种能提高拧转螺帽效率的多用途扳手,其扳口和主体互相分开,扳口的外圈呈棘轮形,主体内装有两个离合子。扳动主体的手柄,通过离合子带动棘轮的扳口转动。棘轮扳手的特点是:在使用时,扳口可以一直不离螺帽。只要来回旋转把手,就能使螺帽不断地向同一方向转动。该类扳手具有使用方便、拧转螺帽效率高的特点。

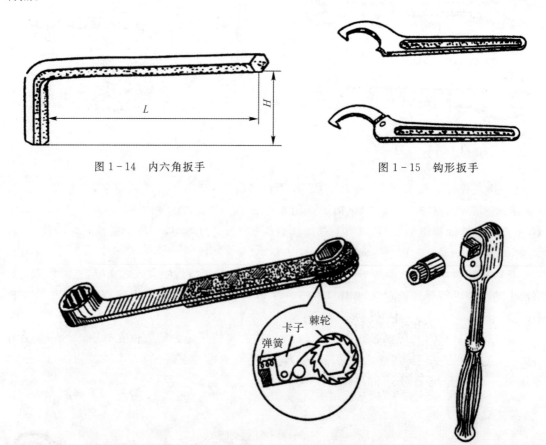

图 1-14　内六角扳手　　　　　　　　　　　图 1-15　钩形扳手

图 1-16　棘轮扳手

　　(7)力矩扳手。力矩扳手专门用于紧固有明确规定拧紧力矩的螺栓或螺帽。目前力矩扳手类型较多,有可弯梁式[见图 1-17(a)]、肘节式[见图 1-17(b)]、刻度盘式/数显指示式[见图 1-17(c)]等。可弯梁式力矩扳手由手柄、力臂、刻度盘、指针和各种尺寸的活动套筒头组成。使用时,首先选用合适的套筒头,套上后扳转手柄,力臂受力而弯曲,因指针不动,在刻度盘上指示相应的数据,即拧紧力矩,单位为 N·m(英制为磅·英尺)。肘节式可以预先设定好拧紧力矩,在拧到设定力矩时,会发出响声或有震感。刻度盘式和数显式都能直接指示力矩值。

　　(8)卡带扳手。卡带扳手按照卡带材料的不同可分为皮带扳手[见图 1-18(a)]和链条扳手[见图 1-19(b)],常用于拆装圆形螺纹件和异形件。使用时按螺纹旋向套入卡带,用固定环固定卡带,将手柄压在零件表面并旋转带动零件转动。

　　2.扳手类工具的选择和使用

　　各类扳手适用的场合不同,需要根据螺帽形式和操作空间合理选用扳手类型,如圆螺母只能选用钩形扳手,管螺母只能选开口扳手或开口梅花扳手(一般情况下优先选择开口梅花扳手)。扳手的规格应该以拆装螺帽的对边尺寸为依据选用,尤其要注意公制和英制螺栓应该分别选用对应的公制和英制规格工具,不能混用。

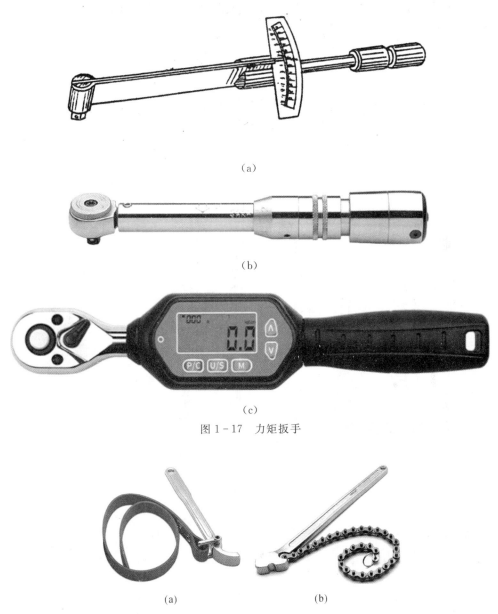

(a)

(b)

(c)

图 1-17　力矩扳手

(a)　　　　　　　　　　(b)

图 1-18　卡带扳手

扳手在使用过程中应该确保不会与螺母之间发生相对滑动,以免对螺母棱边造成损伤而影响后续的拆装。具体要求有以下几方面(见图 1-19):①扳手尽可能地卡入螺母,以防止扳手滑脱;②扳手应该在螺栓轴线的垂直平面上,保证承受扭矩的是该螺母棱边;③力矩的施加方向应该垂直于扳手手柄,以保证有尽可能高的施工效率,同时避免扳手滑脱。用扳手拧紧或拆卸紧固件时,为了避免带动紧固件旋转造成固定机件表面的磨损或造成管路的扭转,在开始拧松和最后拧紧时必须采用双扳手,即一个用于固定,一个用于施加力矩。

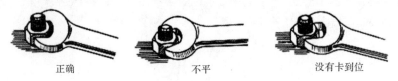

正确   不平   没有卡到位

图 1-19 扳手的使用

1.3.1.2 解刀类工具

解刀类工具主要用于螺钉的拆装,其规格一般按照刀头尺寸和解刀杆长度定义。

按照解刀头部形式的不同可以分为一字解刀和十字解刀(见图 1-20);按照手柄材料的不同可以分为木柄、橡胶柄和塑料柄解刀;按照动力来源的不同可以分为气动解刀和电动解刀等。此外还有穿心解刀、棘轮解刀等类型。

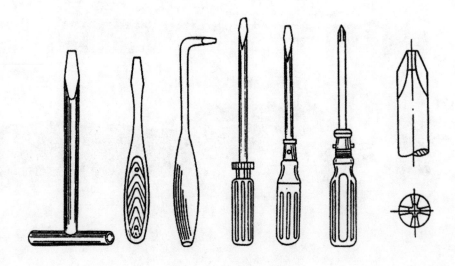

图 1-20 常见的解刀形式

1. 常用的解刀种类

(1)偏置解刀。在垂直空间受到限制时,可使用偏置解刀(见图 1-21)。偏置解刀的两端头与杆身成 90°,两刀口相互垂直。交替使用两头,大多数螺钉都能完成拆装。偏置解刀有标准型和埋头型两种。

(2)棘轮解刀。棘轮解刀是一种手动快速解刀(见图 1-22),手柄内具备单向旋转功能的棘轮装置,使解刀头无须脱离紧固件,手柄反复连续旋拧,即可快速拆装紧固件。使用时通过手柄的转换开关选择旋转方向。对于大负荷拆装,为保护棘轮装置,不用于初始拆卸和最终紧固。棘轮式解刀的刀头一般可根据需要更换,解刀杆端部装有磁铁用于避免刀头掉落,因此对于某些磁性设备和特殊元件应谨慎使用。

(3)气动解刀。气动解刀是用气源做旋拧动力的解刀(见图 1-23),广泛用于批量紧固件操作。这种解刀端头有固定刀头的夹具,可防止脱落。有些解刀上还设有力矩预置装置,可进行定力矩安装。

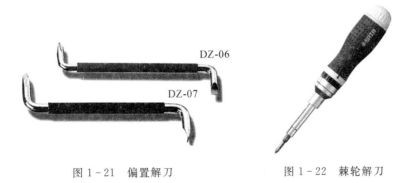

图 1 - 21　偏置解刀　　　　　　　图 1 - 22　棘轮解刀

（4）穿心解刀。穿心解刀（见图 1 - 24）的刀杆是一根从手柄尾部直到解刀头部的完整金属杆，可以承受一定的敲击力，因而作为扁錾或冲子使用。

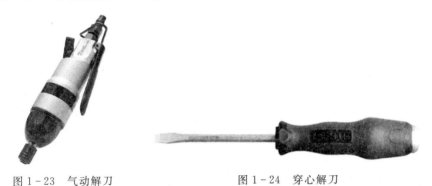

图 1 - 23　气动解刀　　　　　　　图 1 - 24　穿心解刀

2. 解刀的选择和使用

各类解刀适用的场合不同，需要根据螺钉拆卸的操作空间选择长柄、偏置或短柄等形式；根据施工环境是否有触电的危险合理选用解刀手柄材质。最重要的是应该依据拆卸螺钉的头部形式和规格选择相应的解刀规格（见图 1 - 25），使施加力矩时有尽可能大的承载面积，避免对螺钉头部槽面棱边造成损伤。

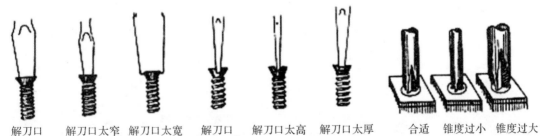

解刀口　　解刀口太窄　解刀口太宽　解刀口　　解刀口太高　解刀口太厚　　合适　　锥度过小　锥度过大
宽度合适　　　　　　　　　　　　厚度合适

图 1 - 25　解刀的选择

解刀在使用过程中应该确保不会与螺钉之间发生相对滑动，以免对螺钉头部槽面棱边造成损伤而影响后续的拆装。这要求在拆卸开始和最后拧紧时要施加足够的压紧力,以确保解刀不会滑脱,具体要求有以下几方面:①解刀头部轴线、施加压紧力方向和螺钉轴线重合;②首先要确保压紧力,再施加扭转力,即"七分压、三分拧"。

1.3.1.3 钳子类工具

钳子类工具主要实现夹持、剪断等功能,常用的类型有:尖头钳、斜口钳、平口钳、鱼口钳、保险钳、大力钳、卡簧钳、鹰口钳、插头钳等。

(1)鱼口钳。鱼口钳也称滑动支点钳,是维修中常用的夹持工具(见图1-26),其铰接点部位有一个双孔槽,通过滑动支点在双孔中的位置,可以改变其夹持范围。由于鱼口钳钳口锋利,维修中切勿夹持紧固件,尤其不能用于铝、铜螺帽的拆装。

(2)鹰口钳。鹰口钳也称内锁支点钳或槽锁钳,其钳口可平行于滑槽滑动,以此调节夹持范围,鹰口钳夹持力较大,可用于夹持密封螺帽、管接头和异形零件,有时也称水管钳,如图1-27所示。

(3)大力钳。大力钳属于复合型钳子(见图1-28),具备杠杆加力机构,当压紧手柄时,复合支点可使夹持力倍增。通过调整手柄后端的调节螺丝,可调节钳口大小及夹持力。由于过挠度自锁作用,即使撤出手柄夹紧力,两颚口也不会打开。如果需要松开颚口,可以通过手柄后的一个小杠杆使其松开。由于大力钳极强的夹持力,常用于拆卸变形的螺钉或断头高出工件的螺栓等。

图1-26 鱼口钳

图1-27 鹰口钳

图1-28 大力钳

(4)尖嘴钳。尖嘴钳拥有不同长度的半圆形长钳口(见图1-29),有直和斜两种钳嘴,用于夹持小物体,可在狭小空间进行操作,多用于电气维修和打保险。

(5)斜口钳。斜口钳又称克丝钳(见图1-30),是短钳口的剪切工具,其钳口处有一小角度刀刃,用于剪切金属丝、铆钉、开口销等。斜口钳是维修中常用的工具,特别在拆卸和打保险工作中使用最多。

(6)鸭嘴钳。鸭嘴钳钳口扁平,形状像鸭嘴(见图1-31)。其较长的手柄可以提供良好的夹持力,颚口内有细牙,用来增加摩擦同时不损伤夹持物,适合拧保险丝结。

图1-29 尖嘴钳

图1-30 斜口钳

图1-31 鸭嘴钳

(7)平口钳。平口钳钳口较厚,前端平直(见图1-32),具备斜口钳和鱼口钳的功能,平直钳口咬合齐整,可用于板件边沿弯曲和整形。钳子根部有剪切刃,用于剪切铁丝等物。

（8）卡环钳。卡环钳分为内卡环钳和外卡环钳两种（见图 1-33）。内卡环钳通过钳嘴插入卡环耳孔，使卡环扩张变形从而完成拆卸和安装。使用卡环时要特别小心，以免卡环弹出伤人或掉入航空器内。

（9）保险丝钳。保险丝钳集夹持、剪切、旋转于一体（见图 1-34）。使用时，首先在已固定好一端的保险丝上确定所需编结的保险丝长度，然后用钳口夹住另一端并用锁紧机构锁紧，用手握住钳子尾端的旋转钮，向后拉动，即可使保险丝编花，其编结的密度取决于拉动的次数。保险丝的刃口可在打保险前和完成后，最后应剪去多余的保险丝。

图 1-32　平口钳　　　　　图 1-33　卡环钳　　　　　图 1-34　保险丝钳

1.3.1.4　其他常用工具

（1）放大镜（见图 1-35）：用于在目视检查中查看细小裂纹和损伤。

（2）铲刀（见图 1-36）：在涂胶和密封施工中清理要涂胶的部件表面。

（3）刮刀（见图 1-37）：在涂胶过程中抹平和挤压胶层表面，形成完整密实的填充和光滑表面。

（4）弯钩（见图 1-38）：用于清理堵塞、清除密封圈或拆除开口销。

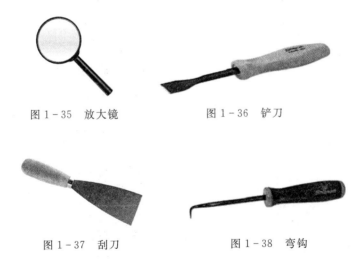

图 1-35　放大镜　　　　　　　　图 1-36　铲刀

图 1-37　刮刀　　　　　　　　图 1-38　弯钩

1.3.2　常用量具

1.3.2.1　游标卡尺

游标卡尺是常用的长度、内孔外孔和深度测量工具（见图 1-39），它由主尺和副尺组成，其读数由主尺和副尺两部分之和确定。游标卡尺有公制和英制两种，普通游标卡尺的副尺一般是在主尺上滑动，通过对刻度线的方法进行测量，公制与英制的主要区别在于副尺结构不同，但其测量方法基本相同。

(1)普通英制游标卡尺。

普通英制游标卡尺主尺每英寸分 10 大格,每大格为 0.1 in;每 1 大格又分成 4 小格,则每小格为 0.025 in。副尺刻线为 25 小格,对应主尺 0.6 in,每小格 0.024 in,与主尺每一小格差 0.001 in,该尺的精度为 0.001 in。

测量时,将工具置于固定卡脚与活动卡脚之间,从主尺上读出对应于副尺零刻线的大格数及最后 1 个大格后面的小格数;再找到副尺与主尺刻度线对正的副尺读数。将主尺整数和副尺数值相加即为测量尺寸,有效数字按照对应精度确定(见图 1-40)。

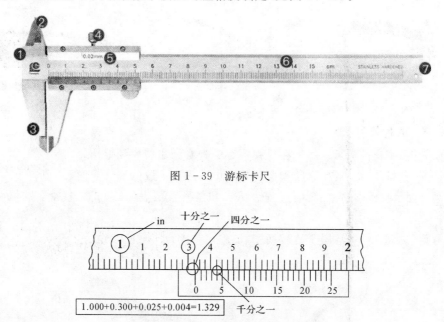

图 1-39 游标卡尺

图 1-40 英制游标卡尺认读

(2)普通公制游标卡尺。

公制游标卡尺主尺最小刻度 1 mm,常以 1 mm 为单位标注数值。副尺 49 mm 长度上刻 50 小格,每格的长度是 0.98 mm,即该尺的精度为 0.02 mm,副尺以 0.1 mm 为单位标注数值,每 5 格标注一个数值(见图 1-41)。使用方法同英制游标卡尺。

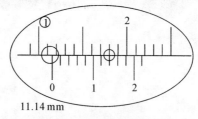

11.14 mm

图 1-41 普通公制游标卡尺

(3)指针式游标卡尺。

指针式游标卡尺的副尺是表盘式,副尺的滑动通过指针转动记录(见图 1-43)。英制单位的导管和紧固件常用分数形式表示其直径和长度,测量时可以选用带分数的英制表盘式游标卡尺。英制表盘式游标卡尺,副尺在主尺上移动 1 in,表盘上指针转动一周,表盘上一周分64 格,每小格为 1/64 in;常用公制表盘一周分 100 等份,每半边每小格为 0.02 mm。读数时将主尺上整数读数与表盘上分数读数相加即可。

指针式游标卡尺除应定期校检外,使用前还应通过转动表盘进行调零。

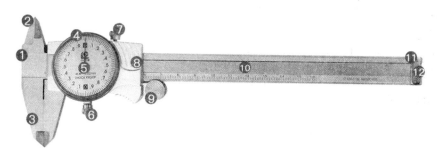

图 1-42　表盘式游标卡尺

(4)电子数显卡尺。

电子数显卡尺的副尺滑动通过电子系统记录并以数字形式显示(见图 1-43),使用者可直接从显示屏上读出尺寸,并可通过"in/mm"按钮实现公、英制读数换算。

图 1-43　电子数显卡尺

1.3.2.2　千分尺

千分尺又叫螺旋测微器,根据其功能分为:外径千分尺(见图 1-44)、内径千分尺和深度千分尺(见图 1-45)。千分尺也有公制和英制两种,其使用方法基本相同。

千分尺可动副尺由测微套筒和测量轴组成。当测微套筒在圆筒上转动时,测量轴随之转动并向左或向右移动。测量轴和砧座之间的开度即为被测工件尺寸。千分尺圆筒上的刻度区为主尺部分,测微套筒上的刻度区为副尺部分。

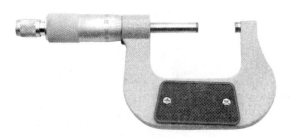

图 1-44　外径千分尺

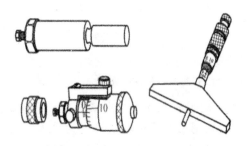

图 1-45　内径千分尺和深度千分尺

(1)英制千分尺。

英制千分尺主尺在轴向线上的数字是 0.1 in,数字线间被分为 4 小格,每小格为 0.025 in。副尺圆周等分 25 小格,其转动一圈在主尺上移动一小格(0.025 in),副尺每小格为 0.001 in。如图 1-46 所示,测量时先读主尺的数值,然后数副尺上与轴向线相对处刻线是多少格,将主副尺读数相加即为被测件尺寸。

为了更精确地测量,有些千分尺上带有游标尺。带游标尺的千分尺是在主尺轴线上方,靠近测微套筒横向排列 11 条水平线,构成游标尺,如图 1-47 所示。游标尺上 10 小格对应副尺上的 9 小格,即将副尺上一小格(0.001 in)再等分 10 份,每一小格为 0.000 1 in。读值时应将三部分数据按位相加。

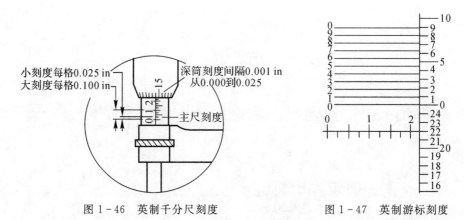

图 1-46 英制千分尺刻度   图 1-47 英制游标刻度

(2)公制千分尺。

公制千分尺主尺在轴线的刻度线间的距离是 0.5 mm。副尺圆周等分 50 格,其转动一周在主尺上移动 0.5 mm,因此每小格代表 0.01 mm。测量时先读主尺的数值,然后数副尺上与轴向线相对处刻线是多少格,副尺刻线读数乘以 0.01 即为副尺读数,如图 1-48 所示。

带游标尺的千分尺(见图 1-49)读数方法同英制,有效数字按照对应精度确定。

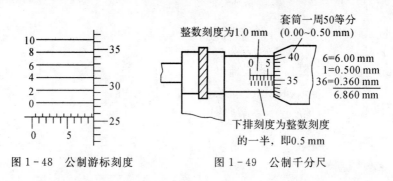

图 1-48 公制游标刻度   图 1-49 公制千分尺

1.3.2.3 千(百)分表

千分表(见图 1-50)是用相对测量法测量和检查工件尺寸和形位偏差的量具。

常用英制千分表的精度为 0.001 in,表盘圆周分 100 格,大指针转动一圈(100 格)为 0.1 in,刻度盘上每小格代表 0.001 in。表盘上的小指针用于记录大指针旋转圈数,大指针转动一圈,小指针转动一小格,即 0.1 in。

常用公制百分表的精度为 0.01 mm。表盘圆周分 100 格,大指针转动一圈(100 格)为 1 mm,即每小格代表 0.001 mm。表盘中小指针的功用与上述英制千分表相同。

千(百)分尺表用于检查表面不平行度、圆柱体锥度、圆柱体的椭圆度和间隙等。用千(百)分表测量工件时,必须装到相应的表架上。千(百)分表与内径测量架组合,可用来测量工件孔径。

1.3.2.4　内径量表

内径量表又称内卡表(见图 1-51),是一种小内径量程测量仪表。使用时,将仪表侧边的手柄压下,两个侧爪收缩至最小,将其放入测量部位,松开手柄,侧爪外张,此时读取表盘数据即为测内孔尺寸。由于每块表测量范围是有限的,使用时应注意量程的选择。使用内径量表前,应将测爪放入与其配套的内孔规中检查是否与仪表起点一致。

1.3.2.5　量规

量规是指经过精确加工,具有一定尺寸精度的,用于快速测量的标准量具(块)。量规按作用可分为:极限量规、塞规(间隙规)、线径规、圆角规(半径规)、钻头规、螺距规、孔规等。

(1)极限量规。只能检查工件是否在两个极限范围内,而不能读出工件的具体尺寸。极限量规分有通规和止规两种(见图 1-52)。

(2)塞尺(间隙规)。塞尺是测量间隙的量规(见图 1-53)。它是一组厚薄不同的钢片,使用时选一片或多片组合,放入待测间隙中,感到稍有摩擦即为合适,从片上的数字可以知道间隙的大小。塞尺有以 mm 为单位和以 in 为单位两种。

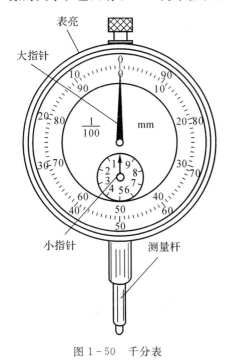

图 1-50　千分表

图 1-51　内径量表

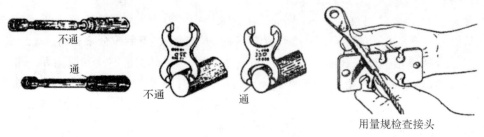

图1-52 通规与止规

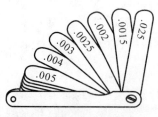

图1-53 塞尺(间隙规)

(3)线径规。线径规(见图1-54)是测量导线金属丝直径的量规(直径的大小用数字号表示)。它的周边有很多大小不同的开口,使用时找两个相邻缺口,金属丝能通过其中的一个但不能通过另一个,在能通过的缺口两侧标示的数字就是金属丝的直径和线号数。

(4)圆角规。圆角规(见图1-55)也称半径规,用来检测工件内、外圆角的半径。

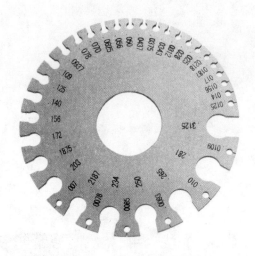

图1-54 线径规

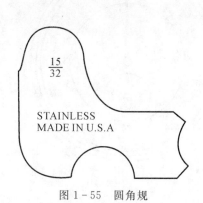

图1-55 圆角规

(5)钻头规。钻头规(见图1-56)可用于检查钻头直径。钻头规按照英制钻头的尺寸类别有分数型号、字母型号和数字型号三种规格。

(6)螺距规。螺距规(见图1-57)是测量螺距的量规,有公制和英制之分。测量使用螺距规齿牙和螺纹牙配合,对着光线检查是否透光,判断螺距规牙形与螺纹的符合程度。

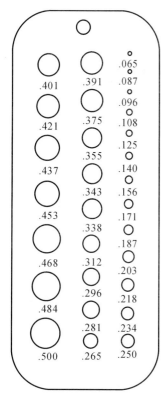

图 1-56 钻头规

图 1-57 螺距规

（7）量角器（分度规）。量角器上装有水平仪和分度规，并有一锁钮。量角器与直尺配合可用于测量和检查工件角度，并可给出任何要求角度的画线。单独使用量角器可以测量舵面偏转角。

1.3.3 工具和量具的使用与保管

工具和量具是航空维修工作中不可缺少的。工具和量具的损坏和丢失直接影响到维修工作和航空器安全，使用和保管工具、量具应遵循如下规则。

（1）作标记，建清单，分别保管。

1）所有工具和量具要作标记，以免各维修部门的工具和量具相混；

2）工具和量具应专人管理，建立清单，并按照分类保管制度，严格履行借用和归还手续；

3）维护工作中，未经登记的工具和量具，严禁带上飞机使用。

（2）勤清点，不乱放，严防丢失。

1）工具和量具在使用过程中，要坚持三清点，即开始工作前清点、工作场所转移前清点、工作结束后清点。

2）要坚持"三不放"：不随地乱放，不随意将工具和量具放在飞机上、发动机上或短舱内，不随便把工具和量具放在衣袋内或带出工作场所。

3）发现工具和量具丢失，及时报告、认真查找。当不能确认工具和量具是否丢失在飞机上时，严禁放行飞机。

（3）不乱用，不抛掷，防止损坏。

1）工具和量具应按用途使用，不得随意互相代用，也不得抛掷或随意敲打，以防损坏；

2）量具使用时要查看有效标签，要选择合适量程，按照测量目标值正确选择单位和精度；

3）量具使用时不要用力过猛、过大，不要测量发热或转动的工件，不要用精密量具测量粗糙工件。

（4）常擦拭，防锈蚀，定期检查。

1）工作结束或风沙雨雪之后，应将工具、量具等擦拭干净；

2）不常用的工具和量具等，要定期进行涂油保养和检查，防止锈蚀和丢失；

3）量具要进行定期校检，确保精度。

1.4 紧固件拆装与保险

1.4.1 螺纹紧固件简介

螺纹紧固件是指不破坏一个或几个紧固件单元就可以拆卸的紧固件。主要包括：航空螺栓、航空螺钉、航空螺帽。

1.4.1.1 航空螺栓

航空螺栓按使用类型可分为通用型螺栓、发动机螺栓和轴销螺栓。

（1）通用型螺栓。航空器结构通用型螺栓按头形可分为标准头形、带孔六方头、埋头、内六方头、环眼头、一字槽口圆头、特殊头形等多种，如图 1-58 所示。

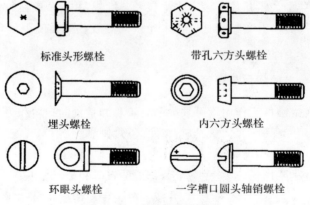

标准头形螺栓　　　　　　带孔六方头螺栓

埋头螺栓　　　　　　内六方头螺栓

环眼头螺栓　　　一字槽口圆头轴销螺栓

图 1-58　各种螺栓的头形

（2）发动机螺栓。图 1-59 所示为高精度螺栓头部的三角形标记。图 1-60 中的内六方头螺栓为 BACB30JQ/MS20004 系列螺栓，其由高强度合金钢制成，可承受拉伸和剪切复合应力。螺栓头上的凹槽是用来插入内六方头扳手的。内六方头螺栓的强度大大高于普通螺栓，所以不能用相同尺寸的 AN 螺栓代替内六方头螺栓安装在航空器结构上。

（3）轴销螺栓。轴销螺栓用于仅承受剪切力而不受拉伸力的部件连接，如操纵系统中作为铰接点的轴销。轴销螺栓头为圆头一字槽，螺纹段与非螺纹段交接处开有环槽，如图 1-61

所示。

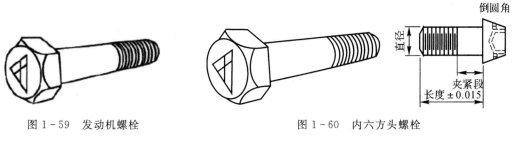

图 1 - 59　发动机螺栓　　　　　　　　　图 1 - 60　内六方头螺栓

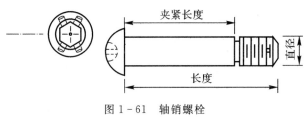

图 1 - 61　轴销螺栓

　　(4)航空螺栓的型号编码。螺栓的零件编号是区分不同类螺栓的最主要的依据。一般螺栓型号中主要包括系列标准代号、制作材料、螺栓直径、螺栓长度等内容,如图 1 - 62 所示为BAC(波音标准)系列的螺栓编号。

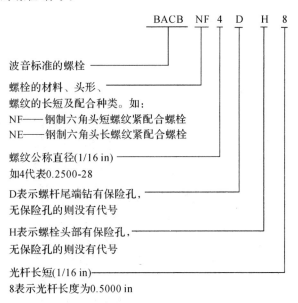

图 1 - 62　BAC(波音标准)系列的螺栓编号

1.4.1.2　航空螺钉

常用的航空螺钉如图 1 - 63 所示,可分为三类:结构用螺钉、机械用螺钉和自攻型螺钉。

(1)结构用螺钉:具有与同尺寸螺栓完全相同的强度,故而可作为结构螺栓来使用。

(2)机械用螺钉:常用于一般性的非结构和次要结构件的连接。

（3）自攻型螺钉：靠螺钉本身在装配孔里攻螺纹而紧固。

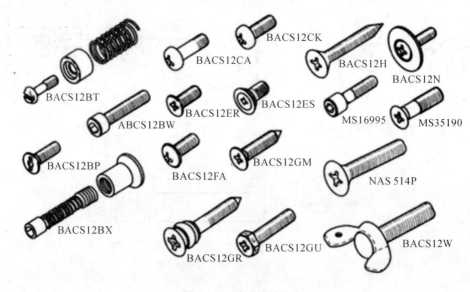

图 1-63　航空螺钉

（4）航空螺钉的型号编码。航空螺钉的波音标准通常用于特殊用途的螺钉件号编码。例如 BACS12ER 是一种钛合金螺钉，用于腐蚀环境比较恶劣的区域的活门的安装，或要求使用非磁性紧固件的地方。BAC（波音标准）系列的螺钉型号编码如图 1-64 所示。

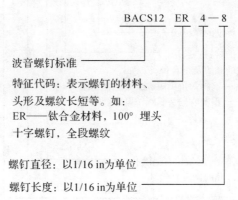

图 1-64　BAC（波音标准）系列的螺钉型号编码

1.4.1.3　航空螺帽

航空螺帽按锁紧功能可以分为两大类：非自锁型和自锁型。非自锁型螺帽在固定后，如果是槽顶螺帽，必须采用诸如开口销/保险丝/防松螺母等外部保险方式；如果是平螺帽则，应该与平垫圈和弹性锁紧垫圈一起使用，以保证螺帽的安装牢固。而自锁型螺帽则本身具有锁紧功能。按螺栓受载情况，可以把螺帽分为受拉螺帽和受剪螺帽。通常受拉螺帽比受剪螺帽厚一些。

（1）非自锁型螺帽。通常使用的普通螺帽、槽顶螺帽、承剪螺帽、普通六方头和薄形六方头螺帽以及普通所见的锁紧螺帽都属此类。

如图 1-65 所示为 AN310 和 AN340 非自锁螺帽。其中 AN310 系列槽顶螺帽与螺栓是按 3 级精度装配的,它能够承受很大的拉伸力和剪切力;AN340 轻型六方头螺帽属于 2 级配合的粗螺纹螺帽,必须加装保险件。

(2)自锁型螺帽。自锁型螺帽在自身构造上装有保险装置的螺帽,因而不需要额外的保险手段。自锁型螺帽通常用在轴承件和操作钢索滑轮的固定、一般附件的安装、检查口盖板和油箱安装口盖板的安装、发动机气门摇臂合盖和排气支架的安装中。但不能用在螺栓受扭矩作用而使螺栓或螺帽可能转动的部位。

图 1-65　非自锁螺帽

1)低温自锁螺帽。低温自锁螺帽顶部镶嵌一个纤维或塑胶锁圈,如图 1-66 所示。低温自锁螺帽不能用于温度高于 250℉[①]的工作区域。注意自锁螺帽一旦拆下,必须报废,不能重复使用。一般情况下,低温自锁螺帽无须保险,但必须做松动检查标记。

2)高温自锁螺帽。高温自锁螺帽用于温度超过 250℉ 的部位。这种螺帽是全金属的,通常有承载螺纹和锁紧螺纹两部分,如图 1-67 所示。锁紧螺纹位于螺帽顶部这一段内,它可以有不同的形式:一种是将螺帽顶端开出槽缝,再将这些槽缝挤压闭合,这样使顶部螺纹的直径比承载螺纹的直径稍小一点;另一种锁紧方式是将螺帽顶端的螺纹孔锁紧部分挤压成稍有椭圆度,当螺栓拧入螺帽锁紧时,螺帽螺纹孔受螺栓力而变形(椭圆变成圆形)。

AN365(MS20365)　　AN364(MS20364)　　　AN363(MS20363)　　　　NAS679

尼龙自锁螺帽

薄的尼龙自锁螺帽

金属自锁螺帽

薄的金属自锁螺帽

图 1-66　低温自锁螺帽　　　　　　　　图 1-67　高温自锁螺帽

3)托板螺帽。航空器结构上通常采用的托板螺帽如图 1-68 所示,其主要用于受力口盖的固定性连接,被固定在开口区结构的内侧,通过拧入螺钉来将口盖固定到航空器结构上。

4)片状弹簧螺帽。片状弹簧螺帽(见图 1-69)用于对质量不大的零件的安装,比如管线夹头、电子设备、小型航空器上盖板的安装和固定。

片状弹簧螺帽由两个钢制弹簧片向上翘起,中间组成一个小于所使用螺钉直径的孔,当螺钉向内旋入的时候,螺纹将两个弹簧片拉平,中间的孔进一步减小,锁紧拉平方向结合面,同时也使得螺钉固定在机构上。一般与普通螺钉和钣金自攻螺钉配合使用。

① 华氏度/摄氏度换算公式:1℃ = (1℉-32)×5/9;1℉ = (1℃×9/5)+32。

（3）螺帽的型号编码。螺帽的型号编码与螺栓的大致相同，首先是基本编码，包括系列代号，随后是有关材料、尺寸规格等代号。BAC 系列的螺帽型号编码如图 1-70 所示。

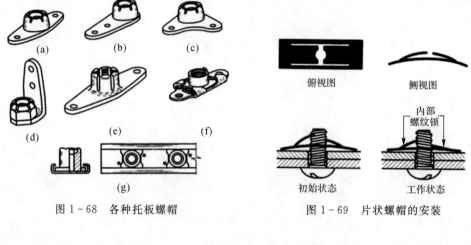

图 1-68　各种托板螺帽　　　　　　　图 1-69　片状螺帽的安装

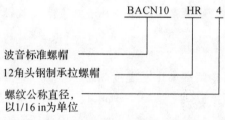

图 1-70　BAC 系列的螺帽型号编码

1.4.2　螺纹紧固件拆装

1.4.2.1　一般拆装

（1）螺栓、螺帽拆装工具的选择和使用。

1）拆除螺帽的保险，禁止在未拆除保险的情况下拧动螺帽。

2）选择合适的扳手，根据螺帽的大小和周围空间的宽窄选合适的开口、梅花、套筒或特种扳手，优先选用梅花扳手。

3）扳手卡在螺帽上正确的位置，另一个扳手卡住螺栓头，如图 1-71 所示。扶住扳手，防止滑动。

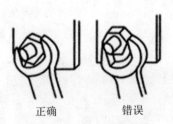

正确　　　　　错误

图 1-71　扳手位置正误比较

4)按照螺帽拧松的方向拧,拧松后,最好用手拧下螺帽。

5)拆装螺栓时,如果太紧无法拆装,确认螺栓为要求的件号后,可以用冲子冲螺栓的方法拆装,如图 1-72 所示。

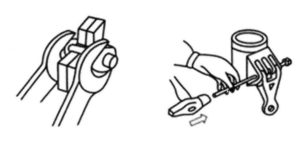

图 1-72　拆装螺栓/用冲子冲螺栓

(2)螺钉拆装工具的选择和使用。

1)选择合适的一字或十字解刀与螺钉匹配,如图 1-73 所示。拆装一字螺钉时,螺刀口过窄、过薄都容易损坏螺钉凹槽,过宽还会损伤机件的表面。拆装十字螺钉时,十字解刀刀口的锥度应与螺钉的凹槽大致相同,锥度过大、过小均易损坏螺钉槽。维护工作中,禁止用一字解刀代替十字解刀。

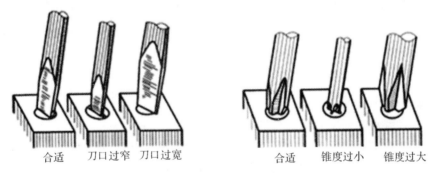

合适　　　刀口过窄　　刀口过宽　　　　合适　　　锥度过小　　锥度过大

图 1-73　解刀的选择

2)螺钉中心线与解刀中心线在一条线上,并用力压紧以防拧转时解刀滑脱。

3)施加合适的力,正、反向转动,待松动后用手拧下螺钉。

4)螺钉过紧、不易拧松时,可事先渗透煤油、除锈剂、松动剂等,待锈层变松后再拆卸。也可用榔头轻振零件或用冲击解刀,但必须防止敲坏零件。

5)装螺钉时,先用手将螺钉拧上,然后用解刀拧紧,直到拧到与机件、蒙皮平齐,严禁一开始就用解刀拧紧,防止因没对准螺纹而损伤机件。

1.4.2.2　特殊拆卸

(1)振动拆卸法。振动拆卸法是用塑料榔头敲击或使用气动铆枪振动紧固件的拆卸方法。要求使用者在拆卸过程中,不能对飞行器零部件进行敲击。拆卸前用少许润滑油或渗透液浸泡紧固件一段时间。无论使用塑料榔头还是气动铆枪,都有可能对零部件造成不必要的损伤。

(2)压板拆卸法。压板拆卸法是利用结构本身所具有的孔,使用压板(见图 1-74)将拆制工具与紧固件紧密压合使拆卸工具在拆卸过程中不会滑脱。

(3)大力钳法。大力钳法是用大力钳夹紧紧固件,从而拆卸圆周棱边已经出现损伤的紧固件的方法。拆卸前可用少许润滑油或渗透液浸泡紧固件一段时间,大力钳拆下的紧固件应报废。

(4)螺旋锥取螺器。螺旋锥取螺器为杆状旋转工具,如图1-75所示。取螺器尖端制成四角或五角棱状,在杆身上有类似钻头的左旋螺旋槽,在尾部有四方头可与扳杆连接。使用时,用小于螺桩直径的钻头在螺桩断口钻孔,然后把取螺器敲入孔内,逆时针旋转,即可旋下断了的螺桩。

图1-74 压板拆卸法

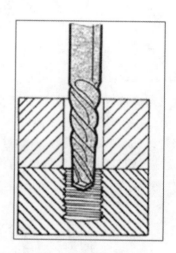

图1-75 螺旋锥取螺器

1.4.2.3 紧固件安装

螺纹紧固件装配要点如下:

1)根据手册规定领用航空器紧固件,决定安装方向和方式。除非特别说明,航空器螺栓应从上往下,从前往后安装,安装时必须与部件安装表面垂直,如图1-76所示。

2)安装前应检查螺栓或螺帽与零件贴合的表面是否光洁、平整,螺栓或螺帽如果有受损或自锁力不足,应更换新件。

3)紧固件装配时按手册相关章节对安装材料进行表面处理以防电化学腐蚀。当螺栓安装需要密封剂和防咬剂时,必须在安装垫圈之前完成。对螺栓、螺帽应进行正确的润滑,如图1-77所示。通常螺栓和螺栓孔的配合都是松配合,可以较轻松地用手装入螺栓孔内。安装紧配合螺栓可以用胶锤打入,敲击前要检查孔是否对正、孔的直径以及螺栓的尺寸是否正确。

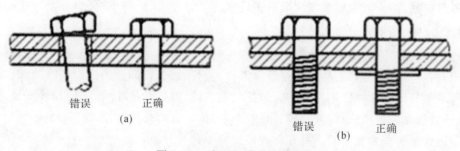

错误　　正确

(a)

错误　　正确

(b)

图1-76 螺栓的安装和选用

4)拆装螺栓时,应尽可能通过固定螺栓头,拧松螺帽的方式进行。如果通过固定螺帽,拧松螺栓头的方式,可能会导致孔壁或螺纹的损坏。

5)旋紧螺帽时,应先用手将螺帽带上牙后再用工具紧固,如果一开始就感觉很紧,可能是位置不正确,必须旋松再重新旋紧。

6)拧紧成组的螺帽时,必须按照一定的顺序进行,如图 1-78 所示。

7)航空器上的螺纹紧固件都有力矩要求,手册中规定的力矩值是指加在螺母一端的力矩值。拧紧力矩后根据手册规定采用防松装置或防松动标记。

8)严禁使用丝锥修理自锁螺帽的螺纹。

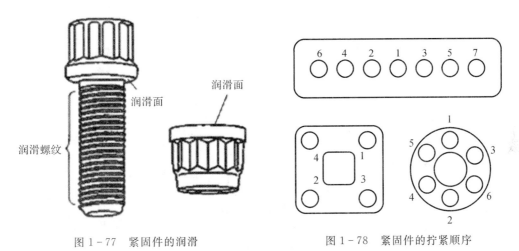

图 1-77　紧固件的润滑　　　　　　图 1-78　紧固件的拧紧顺序

1.4.3　紧固件保险

航空紧固件在使用过程中,可能因为震动等情况而使紧度发生变化,从而影响连接可靠性,因此要求采用某些措施以防止它们松动,这些措施称为保险。

保险装置按其工作原理不同可分为两大类:摩擦类和机械类。摩擦类保险有弹簧垫圈、双螺帽、自锁螺帽、自锁垫圈等;机械类保险有保险丝、保险钢索、开口销、锁片、弹簧卡环、卡簧等。

1.4.3.1　摩擦类保险

摩擦类保险靠保险装置的摩擦力实现紧固件的防松。

1. 弹簧垫圈

弹簧垫圈(见图 1-79)是靠弹簧的弹性变形产生的回复力来增大螺纹间的自锁力从而达到保险目的,一般用于受力不大的部件。弹簧垫圈可以重复使用,在安装前要确定弹簧垫圈状态完好,没有被压平。由于弹簧垫圈是不平整的,所以在弹簧垫圈与部件之间应该安装平垫圈,以保证受力均匀并防止弹簧垫圈划伤部件。

2. 自锁螺帽

自锁螺帽主要用于轴承件和操纵钢索滑轮的固定、一般附件的安装、检查口盖的安装以及某些发动机零部件的安装等。这种螺帽可以保证在严重振动环境下不松动,但不能用在螺栓受扭矩作用而使螺栓或螺帽可能转动的部位。

如图1-80所示为3种类型的自锁螺帽,其中图(a)所示为低温自锁螺帽;图(b)所示为抗剪型低温自锁螺帽;图(c)所示为高温自锁螺帽。

(1)低温自锁螺帽:螺帽顶部镶嵌着纤维或塑胶锁圈。锁圈质地坚韧耐用,不受水、油和溶剂影响,且对螺栓的螺纹及表面镀层无影响。锁圈上无螺纹,且内径比螺帽螺纹最大直径稍小一些。低温自锁螺帽不能用于温度高于250℉的部位。

(2)高温自锁螺帽:用于温度超过250℉的部位。这种螺帽是全金属的,螺帽通常有承载螺纹和锁紧螺纹两部分。锁紧螺纹位于螺帽顶端一段内,它具有不同的形式,如图1-80(c)所示。

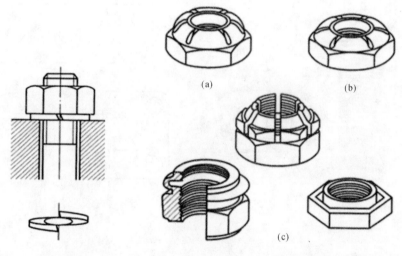

图1-79　弹簧垫圈　　　　图1-80　自锁螺帽
(a 低温自锁螺帽;　(b)抗剪型低温自锁螺帽;　(c)高温自锁螺帽

一种形式是将螺帽顶段开出槽缝,再将这些槽缝挤压闭合,这样使顶部螺纹的直径比承载螺纹的直径稍小一点。当螺栓拧入锁紧螺纹时,螺帽上的槽缝被撑开,螺帽变形的弹性力使螺栓与螺帽夹紧,防止松动。另一种锁紧方式是将螺帽顶端的锁紧部分螺纹孔挤压成稍有椭圆度,当螺栓拧入螺帽锁紧段时,螺帽螺纹孔受螺栓力而变形,变形的弹性回复力使螺帽实现对螺栓的夹紧作用,从而实现自锁。

3.双螺帽保险

如图1-81所示,双螺帽中下螺帽是紧固螺帽,上螺帽是保险。当紧固螺帽拧紧或到位后,用扳手固定,再在其上拧一个保险螺帽。拧紧后使两螺帽互相压紧,中间螺杆部分被拉伸,从而增大螺纹摩擦力。

起紧固作用的螺帽拧紧后不应使其再转动,上方的为保险螺帽。维修工作中可以用双螺帽方式拆装螺桩。

双螺帽保险用于受力较大或紧固件需保持在某一特定的部位的情况,如散热器吊带处,其比弹簧垫圈受力大、比开口销式螺栓定位灵活。

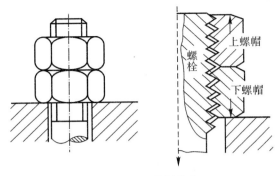

图 1 - 81　双螺帽保险

4. 自锁垫圈（内花、外花保险圈）

如图 1 - 82 所示，自锁垫圈靠被压平的翅片提供摩擦力来防止松动。

图 1 - 82　自锁垫圈

1. 4. 3. 2　机械类保险

1. 保险丝保险

保险丝保险由于使用灵活、方便，是民用航空器维修使用最多的保险形式，其常用材料、规格和用途见表 1 - 7 所示，其材料编号如图 1 - 83 所示。保险丝保险原理是将两个或两个以上的点用保险丝串联在一起，使它们相互牵制，任意一个点的活动都会受到其他点的限制，从而达到防松的目的。

表 1 - 7　保险丝材料、规格和用途

材　料	尺　寸/in	用　途
镍铜合金	0.02、0.032、0.04、0.051、0.091	高温区的紧固件保险
不锈钢	0.02、0.032、0.04、0.051、0.091	非高温区的紧固件保险
铝合金(5056)	0.02、0.032、0.04、0.051、0.091	用于镁合金部件保险，防止电化学腐蚀
铜	0.02	用于应急设备，保护盖、灭火瓶、急救箱、应急活门、电门等，说明应急设备是否被使用

(1)保险丝使用的基本规则。

1)每次打保险必须用新的保险丝，不能重复使用。

2)使用的保险丝应该无腐蚀、无压痕、无损伤和急剧弯折变形，在编结段不得有任何损伤。

3)为防止电位腐蚀,在与镁接触的保险丝上应使用 5056 铝合金覆盖层。

4)防腐和防热的保险钢索仅当大修说明允许时可作为保险丝的替代品。

5)保险丝结尾长度打 3 到 6 个花,向后或向下打弯以保护保险丝的端部并使其不能钩住别的东西。

图 1-83　保险丝材料编号

(2)用保险丝锁定零件的拧紧力矩。

1)用保险丝保险前,必须保证正确的拧紧了紧固件的拧紧力矩。

2)在对准或调整保险丝孔位置时,不得降低或增加零件的力矩。

(3)单股保险丝的应用。

1)单股保险丝通常用于窄小空间内闭环结构,如电子系统上的零件和不适用双股保险经常拆卸的地方。

2)单股保险丝的直径应该选择能通过保险孔的最大标准尺寸。

3)单根保险丝保险时要注意保险丝穿孔时的走向,如图 1-84 所示。绕向角度要求见图 1-85。即当螺钉、螺帽开始松动时,封闭的保险丝圈将阻止松动。串联的螺钉数以保险丝长度不超过 24 in[①] 为限。

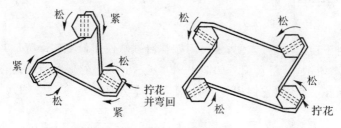

图 1-84　单股保险

4)单股保险丝结尾长度应在 1/4～1/2 in,并且不少于 4 个编花。

(4)双股保险丝的应用。

1)除了大修说明中有规定,一般情况下,所有保险丝均需用双股保险的形式。

2)直径大于等于 0.032 in 的保险丝,保险丝直径必须占将要穿过孔径的 1/3～3/4。

3)直径 0.02 in 的保险丝适用于保险丝孔直径不大于 0.045 in;或者是保险零件距离小于 2 in 并且保险丝孔直径为 0.045～0.062 in 的场合。

4)多个紧固件保险时,如果紧固件间隔在 4～6 in,同一根保险丝的保险紧固件不能超过 3 个。如果紧固件间隔超过 6 in,就不能把它们串在一起打保险。如果紧固件彼此间隔小于 4 in

---

① 1英寸(in)=25.4 毫米(mm)。

时,那么最长允许使用一根 24 in 的保险丝,将不多于 4 个紧固件连在一起打保险。

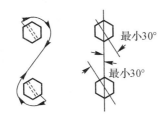

图 1-85　保险丝保险的绕向要求

(5)双股保险丝的施工。

1)不使用保险丝钳(手工编花)的实施过程,如图 1-86 所示。

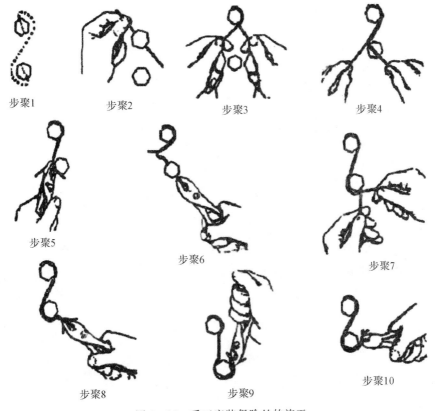

图 1-86　手工安装保险丝的施工

a.剪切一段保险丝,长度应该是预计要实施的保险螺栓距离的 2.5～3 倍。

b.选择合适的保险丝孔,要求能保证绕向正确、保险孔无损伤,尽量方便施工。

c.将保险丝穿入保险孔,绕螺栓头后打折,用孔出口的一股压住绕螺栓头的另一股打结,结必须紧贴保险丝孔。打结的第一扣角度为,对穿孔,第一扣为 120°;边角孔,第一扣为 60°。

d.以 60°的角度继续编结保险丝,编结过程要保持保险丝拉紧,保险丝的变化密度应该符合表 1-8 要求。当所编结的辫子末端距离下一个螺栓保险孔距离小于 3 mm 时即可停止编结。

表 1-8　双股保险的编花密度要求

保险丝直径/in	<0.019	0.019~0.026	0.023~0.042	0.043~0.065	>0.065
编花个数	11~14	9~12	7~10	5~8	4~7

e. 将上面的一股保险丝穿入螺栓保险孔,重复上面步骤。

f. 保险丝从最后一个螺栓保险孔穿出后,以 80°的角度继续进行编结,最后留 3~5 个扣作为收尾,多余的部分剪掉。

g. 收尾段顺保险丝的走向弯曲即可。

h. 确认旧保险完全拆除,新保险丝剪掉部分完全清除。

i. 确认保险质量;保险绕向正确;保险丝紧度符合要求;完成的保险没有损伤。

2)使用保险丝钳保险的施工方法,即保险丝钳编花。

a. 使用正确的工具和工艺。安装过程中,保险丝不能有任何损伤、扭曲或损坏。扭转保险丝时,允许保险钳造成保险擦伤。确保保险钳夹紧面的边缘有足够大的圆角,以防损伤保险丝。使用保险钳时应戴护目镜。

b. 工具。护目镜、剪钳、鸭嘴钳或尖嘴钳、保险丝钳(如图 1-34 所示,集剪钳和鸭嘴钳的功能于一身,并且可以自动扭转编结)。

c. 准备工作。确保所有的保险孔没有堵塞、变形和损伤;确保螺纹紧固件拧紧到规定力矩范围;再次确定所选择的保险丝是新的并且完好。

d. 实施。

a)剪一段保险丝,长度应该为预计要实施的保险螺栓距离的 2.5~3 倍。

b)选择合适的保险丝孔,能保证绕向正确,保险孔完好可用,方便施工。

c)将保险丝穿入第一个螺栓保险孔,绕螺栓头后打折,用保险孔出口的一股压住绕螺栓头的另一股。

d)用保险丝钳夹取合适的长度进行拧花,编花的密度根据保险丝的直径可以查表得出。

e)保险丝的捻绕处与任何零件的保险丝孔距离应在 1/8 in 以内(见图 1-87)。

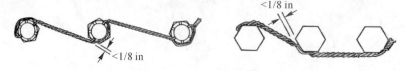

图 1-87　保险丝编结与保险孔的距离要求

f)对准第二个螺栓的保险孔插入保险丝,用保险钳夹住保险丝的末端并拉直。

g)用保险孔出口的一股压住绕螺栓头的另一股。

h)夹紧保险丝的松脱部分并逆时针方向扭转保险丝末端直到紧固。

i)留 3~5 个编花作为收尾,剪去多余的保险丝。

j)收尾段顺保险丝的走向弯曲即可。

e. 检查。确认拆卸拆除的旧保险及本次保险作业剪切下的保险丝头已经从航空器上清除;确认保险质量符合要求:旋向正确;保险紧度符合要求;保留的保险丝没有损伤。

(6)保险质量要求。

保险质量要求可以归纳为三个方面。

1)方向正确。保险丝的绕向要保证在使用中把紧固元件向拧紧的方向施加力矩。为此必须保证保险丝拉近的方向一定是使紧固件拧紧方向;保险丝与紧固件轴心连线之间应该有一定的角度(见图1-85),确保能正确施加拧紧力矩。

2)紧度合适。保险丝过松会使保险起不到拉紧作用,但保险紧度过紧会使保险易于断裂而早早失效,因此保险丝的紧度应该适中。具体有以下要点:

a.保险丝材料应该符合工作场合的要求,具体参考表1-7。

b.保险丝直径应与保险孔大小相匹配。

c.保险丝的弯曲极限(如图1-88定义),用约2 lb(1 lb=0.454 kg)的力压保险丝中间位置,保险丝的弯曲极限数值应符合表1-9要求。

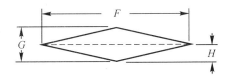

F—保险丝跨度;　H—单向弯曲极限;　G—双向弯曲极限

图1-88　保险丝弯曲极限定义

表1-9　保险丝弯曲极限要求(单位:in)

保险丝跨度 F	双向弯曲极限 G	单向弯曲极限 H
0.5	0.125	0.063
1.0	0.25	0.125
2.0	0.375	0.188
3.0	0.5	0.25
4.0	0.5	0.25
5.0	0.625	0.313
6.0	0.625	0.313

d.编花密度应与保险丝直径相匹配,即符合表1-8对应关系。

e.穿过保险孔的第一扣与保险孔距离不大于1/8 in,如图1-88所示。

f.收尾不少于应保留1/2 in长度。

3)无损伤。保留的保险丝没有夹伤、锈蚀等损伤。

2.保险钢索

保险钢索一般由如图1-89所示的工具完成施工。

(1)使用保险钢索的基本原则。

1)用同一根保险钢索进行保险的紧固件不超过3个;

2)紧固件间的彼此间隔不超过6 in;

3)保险钢索不能有锐损伤、磨损、打结或是其他损伤;

4)如果大修说明没有规定尺寸,对最大孔径不超过0.047 in的保险孔,使用0.030~

0.034 in直径的保险钢索;对最大孔径不超过 0.035 in 的保险孔,使用 0.020～0.026 in 直径的保险钢索。

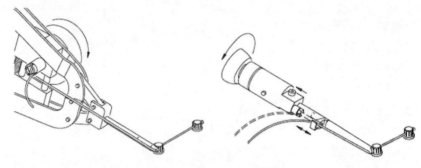

图 1-89　钢索保险的工具

(2)保险钢索的最小拉脱载荷要求。

保险钢索以及锁块必须是新的,不允许重复使用,不允许将钢索插入螺栓上的减轻孔内。

脱载荷测试合格后才可使用保险钢索工具对紧固件进行锁定。拉脱载荷是将钢索拉出锁块或钢索端头的接头所需要的力,具体数值应符合表 1-10 中的规定。

表 1-10　保险钢索最小拉脱载荷的要求

钢索直径	最小拉脱载荷	钢索直径	最小拉脱载荷
0.02 in(0.508mm)	30 lb·in(3.390 N·m)	0.04 in(1.016 mm)	130 lb·in(14.688 N·m)
0.032 in(0.813 mm)	70 lb·in(7.909 N·m)		

(3)保险钢索的安装程序。

1)对正孔:不能为了对正保险钢索的孔而增加或减少已施加在零件上的正确力矩。

2)相邻零件:

a.安装保险钢索使紧固件没有松脱的倾向;

b.保险钢索并不增加力矩,而是一种保险结构用以防止零件松脱;

c.建议当钢索穿过紧固件时的尖锐拐弯不超过 90°。

3)安装保险钢索后,从锁块突出的一端剪断多余的钢索。允许从锁块突出的剩余钢索长度不大于 0.031 in。

(4)钢索的柔性极限。

在钢索拉紧点的中部,用手指以大约 2 lb 按压,钢索的最大柔性极限定义如图 1-90 上部图片所示,其数值应符合图 1-90 中列表要求。

(5)用保险钢索对螺栓、螺钉和螺桩打保险。

1)安装保险钢索使得紧固件将要松动时其能被拉紧。左旋螺纹件的保险方向与右旋螺纹相反。

2)保险钢索上压紧金属箍前,拉紧保险钢索,使安装工具施加正确拉伸。保险钢索安装完成后,其变形量应符合图 1-90 所示的柔性极限范围。

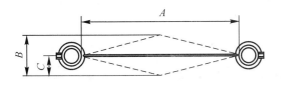

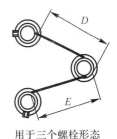

柔性极限尺寸		
A/in	B/in	C/in
0.5	0.125	0.062
1.0	0.250	0.125
2.0	0.375	0.188
3.0	0.375	0.188
4.0	0.500	0.250
5.0	0.500	0.250
6.0	0.625	0.312

用于三个螺栓形态
$A=D+E$

图 1-90　钢索的柔性极限

3.开口销保险

开口销分为纵向保险和横向保险,如图 1-91 所示,一般用于螺桩、螺栓、销子上。

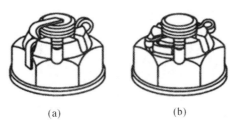

(a)　　　　　　(b)

图 1-91　纵向保险和横向保险的形式

(1)开口销保险法的基本原则。

1)开口销直径选择要合适,穿入后有一定摩擦力,一般为孔径的 80%~90%。

2)弯在螺帽顶上的开口销尾端不能超出螺栓直径。

3)贴在螺帽侧面的开口销尾端长度不能碰到垫圈表面。

4)穿开口销时,一般规则是从前向后,从上向下穿。

5)如采用横向保险的形式,保持开口销的两尾端贴近在螺帽侧面上。

6)开口销尾端应保持一定的弯曲弧度,陡折弯角会导致断裂。最好用木榔头敲弯成形。

7)开口销不能重复使用,每次工作必须使用新的开口销。

(2)打开口销的方法。

1)对正保险孔。为了便于观察,可预先在螺杆上对正开口销孔处作一个记号,当螺帽拧到规定紧度后,检查螺杆上的开口销孔与螺帽的缺口是否对正。如果螺帽的紧度合适,但开口销孔并未对正,应用更换垫圈的方法使孔对正。禁止用拧松螺帽的方法使孔对正,禁止用欠力矩或超力矩的方法使孔对正。螺帽槽与保险孔的相对位置如图 1-92 所示。

2)插开口销。选择与螺杆孔孔径大致相同的开口销插入螺杆孔内,为了插得牢靠,可轻敲开口销的头部。

3)分开、打牢开口销。

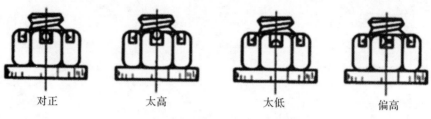

| 对正 | 太高 | 太低 | 偏高 |

图1-92 螺帽槽与保险孔的相对位置

(3)开口销施工方法。

1)横向保险。将开口销插入孔内,把头部推到紧贴螺帽缺口的位置,将开口销尾部沿螺帽棱面向两侧分开,再切除开口销外侧的多余部分。然后用平头冲将开口销的尾部分别打入螺帽的两个缺口内。打紧时,应防止平头冲损伤螺帽或螺纹。打好后,用手轻轻拨动开口销的尾部,尾部没有翘起或晃动,保险才算合格。

在较狭窄的部位,如果上述方法不便操作,可先将开口销的尾部用钳子弯成钩形,再压入螺帽的缺口内,但必须保证保险的质量合格。横向保险的打法如图1-93所示。

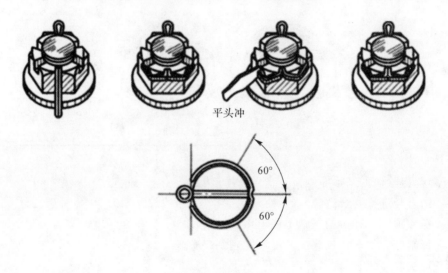

平头冲

图1-93 横向保险打法

2)纵向保险。将开口销插入保险孔内,把尾部沿螺杆的轴线方向分开,并分别紧贴在螺杆的端面和螺帽边上,螺杆端面的开口销尾端长度不超过螺杆的半径,切去多余部分。螺帽边上要求以开口销尾端长度不触及螺帽垫圈为准。纵向保险的打法如图1-94所示。

(4)开口销的拆除(如图1-95所示)。

1)拆除开口销的时候,应首先将尾端尽量弯直,再用尖嘴钳夹住环眼向外拔,这样拆下的开口销仍是完整的一根。

2)注意不可用力过猛,以免造成人身伤害或损伤航空器。

3)切忌图方便将尾端剪断,因为当开口销日久生锈或螺帽有松动趋势时,开口销会非常难拔出,若不能从环眼一端拔出时,还可以从另一端拔出。

4)若腐蚀可渗透煤油、渗透剂、除锈剂等。

5)在剪断开口销的时候,应采用措施避免开口销断头飞出伤人或掉入航空器内部。

6)工具和开口销必须放在托盘内,而不能直接放在航空器上。

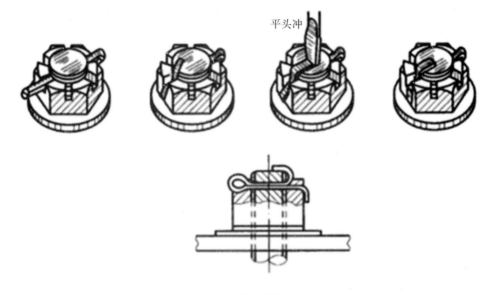

图1-94　纵向保险打法

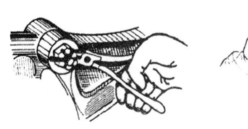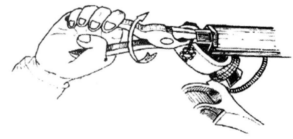

图1-95　拆除开口销

4.锁片(保险片)

锁片保险常用在温度变化较大或者受力较大的地方。锁片形式多样,如图1-96所示,锁片只能一次性使用,每次装配时必须使用新的锁片。

(1)直锁舌锁片。直锁舌锁片的安装如图1-97所示,至少有一个锁舌被充分弯曲以满足图中间隙的要求,且由舌片的基体测得的至少75%的舌片宽应与被锁零件的平面弯曲贴合。

(2)预弯锁舌的凸舌型锁片。凸舌型锁片的安装如图1-98所示,在安装时允许弯曲预弯的舌片以满足间隙的要求。对应螺纹尺寸等于或小于0.312 5 in。

(3)椭圆锁片。为了安装椭圆锁片,应按图1-99所示将锁片向上弯曲至完全贴合在一个六角的整面上,并完全满足凸舌型锁片安装中的间隙要求。

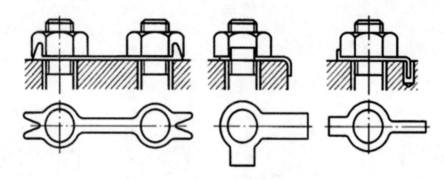

图 1 - 96　锁片(保险片)保险

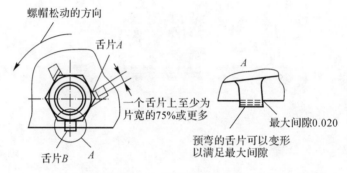

图 1 - 97　直锁舌锁片安装

(4)多孔锁片。

多孔锁片形式如图 1 - 96 所示左侧锁片,直锁片和椭圆锁片的要求同样适用于多孔锁片每个孔的所有锁舌。

使用手册中规定用金属标记碳笔作标记,采用标记锁片与相邻的非转动表面的相对位置的方法,记录锁片的位置,使得在磅紧螺帽时锁片的任何转动都能被显示出来。

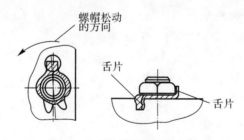

图 1 - 98　凸舌型锁片的安装

(5)验收标准。

安装的锁片应是新的,舌片弯曲符合规定,且能可靠阻止螺帽松动。

5.弹簧卡环保险

弹簧卡环能牢靠地卡紧在槽沟内,起到保险作用,如图 1 - 100 所示。弹簧卡环分为外用型和内用型。外用型卡环是用于轴形或缸体外表面地槽道上,内用型卡环则用于缸体的壁沟槽内。

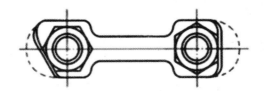

图 1-99　椭圆锁片的安装

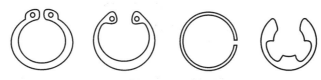

图 1-100　弹簧卡环保险

(1)工具。卡环的拆装使用专门设计的卡环钳,如图 1-33 所示。

(2)卡环拆装方法及注意事项。

1)使用卡环钳时应戴护目镜。

2)拆卸时,将卡环钳的两个尖端插入卡环的两个凸耳孔中,压缩或张开卡环,并保持住,直到把卡环从槽沟内取出。

3)安装时,先将卡环压缩或张开并保持,把它放入槽沟内,松开卡环钳,用一字解刀转动卡环至少一圈,或者用专用塞尺测量卡环凸耳间的距离是否符合手册规定,确保卡环进入槽沟,卡紧到位。

4)用卡环钳压缩或绷开卡环时,要用力均匀,并保证卡环钳的尖端有足够长保持在卡环的凸耳中,防止卡环弹出,损伤工作者和机件。

5)注意卡环的安装方向。

6)已损坏或弹性不好的卡环禁止使用。

7)弹性卡圈的变形量越小越好,具体要求则以能完成拆装卡圈为准。卡圈直径变形太大,会造成卡圈永久变形,从而失去保险作用。

6.卡簧销(别针式)保险法

现代航空器上使用的较多的松紧螺套保险方式是别针式,即卡簧销,如图 1-101 所示。卡簧销保险的方法和步骤,如图 1-102 所示。

图 1-101　松紧螺套别针

卡簧销拆装注意事项如下：

1）卡簧销不能重复使用，每次都必须用新件。

2）卡簧销安装前应确认钢索张力正确。

3）将钢索接头螺套槽孔对正，插入卡簧销的直杆端，并将弯钩按入套管中央孔中；两根卡簧销可同侧或异侧安装。

4）拆下卡簧销时，从中心孔中拽出别针，从松紧螺套沟槽中取下别针。

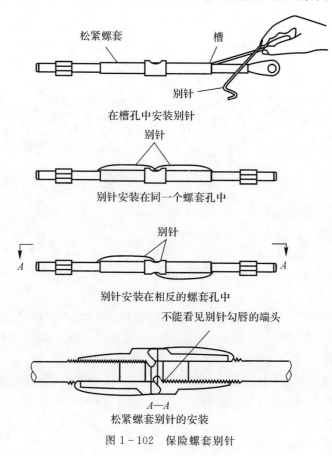

图 1-102　保险螺套别针

1.5　导管拆装与保险

1.5.1　管路系统简介

1.5.1.1　管路的组成和使用场合

（1）管路系统的组成。飞机管路系统是由导管、管接头、管螺帽、衬套、管卡等组成的一个封闭通道，以保证液体或气体在通道中流动和传递能量，如图 1-103 所示。

（2）飞机管路应用。飞机管路主要应用于介质流通的场合，如空调系统、燃油系统、液压系统、氧气系统、污水/水、发动机燃油系统和滑油系统等。

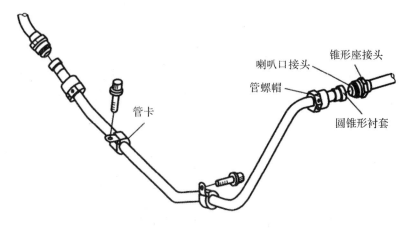

图 1-103 管子组成

1.5.1.2 管路材料

飞机管路按照组成管路的材料特性不同可以分为硬管和软管两类。软管一般配合运动部件使用,或用于管路承受较大振动的地方。

(1)硬管材料。现代飞机使用的硬管材料主要有三种:铝合金、不锈钢、钛合金。民航常用管路材料和 BMS、MIL 规范对应如表 1-11 所示。

表 1-11 民航常用的飞机管路材料

管路材料	BMS	MIL	其他
铝合金 6061-T4,6061-T6		WW-T-700/6 T-7081	— AMS 4083
CRES 21-6-9	7-185		
不锈钢 304-1/8Hard	—	T-6845	AMS 5566
不锈钢 304	—	T-8504	AMS 5567
不锈钢 321		T-8808	AMS 5556 AMS 5567
钛合金 3AL-2.5V	7-234	—	AMS 4945

铝合金管路主要用于低压系统,如仪表管路和通风管路。不锈钢管路主要用于高压系统,如液压系统管路。钛合金管路具有强度高、密度低、耐腐蚀、耐高温的特点,可在一定范围内替代不锈钢。

(2)软管材料。软管材料主要使用丁腈橡胶、氯丁橡胶、异丁橡胶和特氟隆(聚四氟乙烯)。

1)丁腈橡胶:合成橡胶化合物,具有极好的耐石油性能,不适用于磷酸酯液压油。

2)氯丁橡胶:抗石油产品的耐受性能不如丁腈橡胶,但有更好的抗腐蚀性,不能用于磷酸酯基液压油。

3)异丁橡胶:一种由原油制成的合成橡胶,适用于磷酸酯基液压油,但不能用于石油产品。

4)特氟隆:几乎适用于已使用的每一种物质和介质,并且其储存和使用寿命无限制。特氟隆软管可经加工并挤压成所需要的尺寸和形状,其上覆盖有编织的不锈钢丝来加强和保护。

1.5.1.3 管路尺寸

(1)硬管尺寸。管路的尺寸标识有公制和英制之分。

公制是以管子的外径乘以内径表示。例如:8×6 指管子外径为 8 mm,内径为 6 mm。

英制是以管子的外径(OD)为基准,以 1/16 in 为单位递增或递减。例如 7 号管子表示管子的外径为 7/16 in。同一外径的英制管路可有多种壁厚,所以在安装管路时,不仅要知道管路的外径,而且应该知道管路的壁厚。

(2)软管尺寸和编号。英制软管以管子的内径为基准,以 1/16 in 为单位递增或递减。在软管材料壁内常加有纤维或金属丝以加强软管的强度。软管结构适用压力及强化措施,如表 1-12所示。

表 1-12 软管结构的适用压力及强化措施

适用压力	压力范围	强化措施
低压	小于 250 psi(1.72 375 MPa)	纤维编织强化层
中压	小于 1 500 psi(10.342 5 MPa)(较大尺寸) 小于 3 000 psi(20.685 MPa)(较小尺寸)	一层金属编织强化层
高压	大于 3 000 psi(20.685 MPa)	多层金属编织强化层

软管的外表面印有一些线条、字母、数字等组成的标记,如:软管的尺寸、制造厂家、制造日期以及适用的压力和温度极限等。

除特氟隆软管以外,软管的使用年限一般比较短,内管材料成形后随着时间的延长会变硬、变脆。特别注意软管的使用年限是以制造日期开始计算的,所以在更换软管时要注意软管的有效使用期。

1.5.1.4 管路接头

民航飞机上使用的硬管接头主要有喇叭口接头、无喇叭口接头、自封接头、波式接头等四种形式;软管接头有挤压式和装配式等两种形式。

(1)喇叭口接头。喇叭口接头(如图 1-104 所示)由衬套、喇叭口和管螺帽(即接头)组成,其施工方便,广泛用于飞机的中、低管路系统中。喇叭口接头由管路帽通过螺纹连接将管路内锥面和接头的锥面紧密贴合而实现密封。

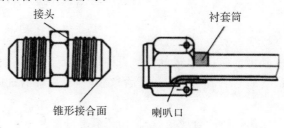

图 1-104 喇叭口接头

（2）无喇叭口接头。无喇叭口接头（如图 1-105 所示）由衬套、接头和管螺帽组成，广泛用于飞机的中、高压管路系统中。无喇叭口接头由管路帽通过螺纹连接将衬套和接头紧密贴合而实现密封。

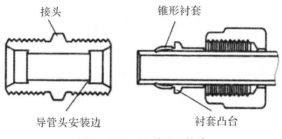

图 1-105　无喇叭口接头

（3）自封接头。自封接头（如图 1-106 所示）由两个接头和内部弹簧控制活门组成。适用于需要频繁拆装管路的场合，具有拆装迅速、不损失流体和无空气进入系统等优点，适用于高、中、低压力系统。

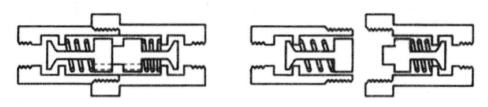

图 1-106　自封接头

（4）波式接头。波式接头（见图 1-107）一般是用一段软管连接两个硬管，其特点是对硬管对中性要求较低，能在一定程度上减小振动的传递。通常用于低压管路系统。

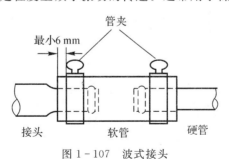

图 1-107　波式接头

（5）挤压式接头。挤压式接头（见图 1-108）是将软管插入接头的金属内筒和外部的压紧套之间的环形腔内，然后对压紧套挤压变形，使软管和管接头紧密连接在一起。如果软管与接头之间发生相对转动，可能会导致接头连接的失效。

（6）装配式接头。装配式接头（见图 1-109）由螺帽、螺纹接套和管套组成，螺纹接头旋入管套，将软管嵌合在管套和螺纹接头的环形腔内，实现软管和接头的连接，螺纹接头的内锥面与外部接头形成密封。接头可以更换，常用于小飞机系统。

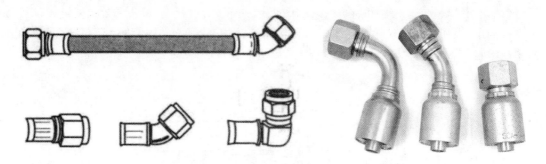

图 1-108　挤压式接头

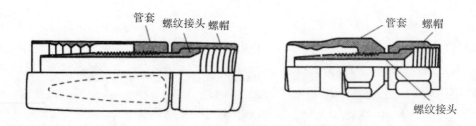

图 1-109　装配式接头

1.5.2　硬管施工

1.5.2.1　硬管拆装

(1)硬管拆卸。不同系统的硬管拆卸都有不同的拆卸程序,可考照 AMM 手册或维修工作单的要求去实施拆卸工作。典型的硬管拆卸步骤如图 1-110 所示。

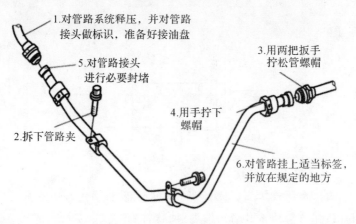

图 1-110　管路拆卸

(2)硬管安装前检查。安装硬管前,必须对硬管做目视检查,检查内容主要有:

1)检查硬管及接头组件是否密封完好。

2)仔细检查硬管是否有压坑和擦伤。

3)仔细检查硬管是否有变形裂纹和腐蚀。

4)检查管螺帽衬套和管接头是否有变形裂纹和损伤,管螺帽和管接头的螺纹是否有损伤。如果发现不正常的情形,停止硬管安装,待查明原因或修理硬管后,再完成硬管的安装工作。

(3)硬管安装。典型的硬管安装步骤如图1-111所示。管螺帽最终的拧紧力矩应符合AMM手册中该螺母安装的力矩要求。只有通过了密封性测试,才能安装管螺帽保险。

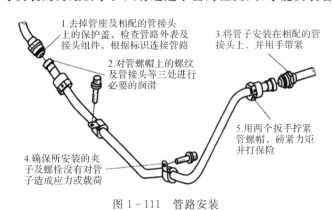

1.去掉管座及相配的管接头上的保护盖,检查管路外表及接头组件,根据标识连接管路

2.对管螺帽上的螺纹及管接头等三处进行必要的润滑

3.将管子安装在相配的管接头上,并用手带紧

4.确保所安装的夹子及螺栓没有对管子造成应力或载荷

5.用两个扳手拧紧管螺帽,磅紧力矩并打保险

图1-111　管路安装

(4)渗漏测试。

硬管安装完成以后,为检查硬管接头安装质量,须对硬管接头做渗漏测试。

给装配好的硬管系统供压至最大工作压力,并保持压力至少15 min。在系统保持压力的状况下,用清洁的布擦拭硬管和接头,仔细观察是否有渗漏。如果发生渗漏,可根据AMM手册或维修工作单提供的上限力矩值再次拧紧。如果再次测试发生渗漏,应拆卸硬管,检查硬管接头,查找渗漏原因,更换硬管接头组件。

(5)硬管拆装注意事项。

1)拆卸前应对硬管系统做出挂签警示,驾驶舱相应电门和操作手柄上应挂警示牌。

2)硬管拆卸前,须对有压力的硬管系统充分释压。

3)断开管路前要采用必要措施防止液体的泄漏,如封堵工具、接油盘应准备到位。

4)用正确方法清除溅落在人体和飞机上的油液。

5)地面和工作梯油污应清理干净,保持环境整洁,防止人员滑倒。

6)硬管拆装过程中不得改变管路的弯曲度,否则会导致错装,导致额外的内压,甚至引起硬管裂纹。

7)安装管路时先将管路对正管接头并用手拧紧,绝对不允许用直接拧紧螺母的方式来强行对正管中心。

8)拆卸管路前应做好管路位置标记,防止错装。

1.5.2.2　硬管制作

硬管的制作过程包括切管、弯管、喇叭口接头和无喇叭口接头的制作。

(1)切管。可用手锯方式和或使用切管器实现切管。如图1-112所示。

切管后需要用锉刀、刮刀、内孔绞刀等工具去除管口内、外壁的毛刺,确保管子端口平直,管子壁厚不能损伤。用内孔绞刀去除管口内毛刺如图1-113所示。

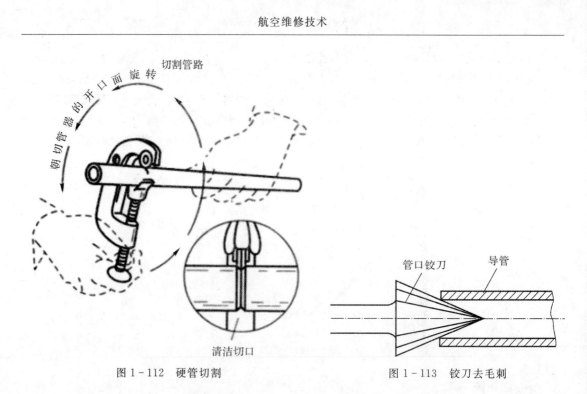

图 1-112 硬管切割

图 1-113 铰刀去毛刺

（2）弯管。弯管可采用手动弯管、弯管器弯管、夹具弯管和大口径夹具弯管等四种形式。

直径小于 1/4 in 的硬管，可直接用手动弯管。弯管器弯管施工步骤如图 1-114 所示，适用于直径大于等于 1/4 in，小于等于 1 in 的硬管施工。

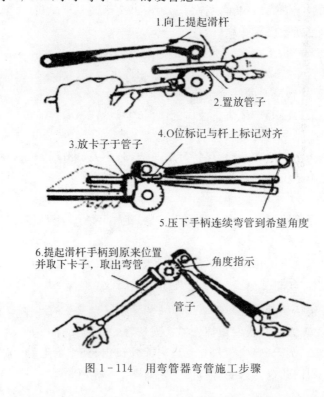

图 1-114 用弯管器弯管施工步骤

用夹具弯管,如图 1-115 所示,适用于直径大于等于 3/8in,小于等于 3in 的硬管施工。

直径大于 3 in 的用大口径夹具弯管(注意,这种弯管管内必须放置填充物,常用的是沙子,超过 4 in 的还必须在弯管处加热)。

弯管过程应小心,避免过多的压扁、弯折和弄皱管子。弯曲中允许少量压扁,但压扁部分的最小直径不能小于原外经的 75%。压扁、弄皱或弯曲不规则的管道不应安装使用。如图 1-116所示为弯管后可能出现的情形。

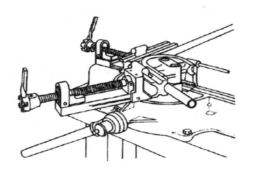

图 1-115　用夹具弯管

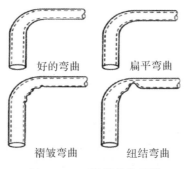

图 1-116　硬管弯曲外形

(3)喇叭口接头制作。喇叭口扩口工具如图 1-117 所示。

1)喇叭口接头制作步骤。

a)清洁管口及内部(制作喇叭口所需要的那部分),套上衬套、管螺母将管子伸进工具合适的直径内(注意方向不能反)。

b)管子露出工具表面一个硬币的厚度(对于管壁较厚的管,也可以用一个管壁的厚度),夹紧。

c)擦拭干净工具锥头,然后在锥头处涂上润滑油。

d)旋转锥头手柄直到锥头与管子接触,然后每旋转手柄一圈,用木棰轻敲击手柄头部一下(要注意的是喇叭口是在制作过程中挤压出来的,而不是敲击出来的)。

e)每转一圈注意观察外管壁,当外管壁接触到工具的锥形面上时,再拧手柄 1/8~1/6 圈。特别注意最后一次的动作必须是拧手柄,不允许是敲击。

f)从扩口工具上拆下硬管,检查接头。

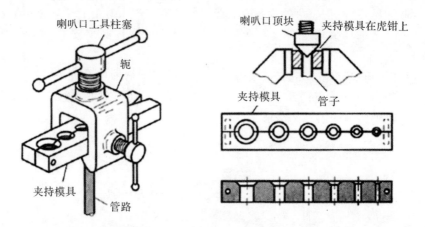

图 1-117　喇叭口接头制作

2)喇叭口质量要求。

a)喇叭口要高于衬套的上表面。

b)喇叭口的最大直径必须小于等于套筒的外径。

c)喇叭口内光滑均匀、无偏斜、挤压痕迹、划痕。

d)套筒螺帽与喇叭口的相对位置正确。

(4)无喇叭口接头制作。无喇叭口接头制作如图 1-118 所示。

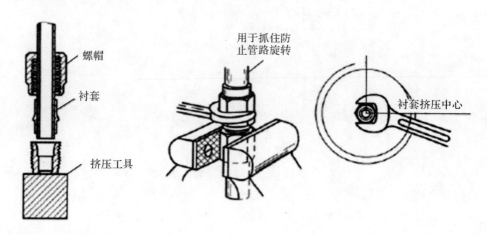

图 1-118　无喇叭口接头制作

1)无喇叭口接头制作步骤。

a)清洁硬管内外部,在管口装上管螺母和锥形衬套,用润滑剂润滑模具接头和锥形衬套,润滑部位如图 1-119 所示。

b)将硬管垂直伸入模具接头内部,直到底部端口。

c)用手将管螺母与模具接头的螺纹拧在一起。

d)根据管路的材料、直径、壁厚查 AMM 手册第 20 章相关表格确定需要拧紧的圈数或力矩值,然后用扳手拧紧管螺帽到规定的圈数或力矩值。

e)拆下管螺母,检查接头。

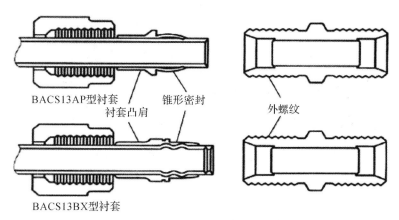

BACS13AP型衬套　锥形密封

衬套凸肩

外螺纹

BACS13BX型衬套

图 1-119　无喇叭口接头润滑点

2)无喇叭口的检查要求。

a)管口端面必须均匀平整。

b)管子内部必须有一个凸起波纹(双切割边必须有两个凸起波纹)。

c)管套前部应是均匀的弯曲环形。

d)管套允许有一点周向移动,但在轴向不允许有任何移动。

1.5.3　软管施工

1.5.3.1　软管拆卸

(1)首先明确所拆卸管路属于什么系统,关闭相关系统,挂上禁止操作牌,拔出跳开关等。如:液压系统,应先对系统充分释压,并准备好接油盘的工具。

(2)将所要拆卸的管路与接头作标记,以便于识别安装。

(3)松开软管支撑夹子,使用两把扳手拆卸管路。一把扳手固定管路接头,一把扳手松开管路螺帽。

(4)用堵头或密封袋封堵管端口和管接头,确保系统不受杂质污染。

(5)对拆卸软管挂牌,放置在规定的地方。

1.5.3.2　软管检查与安装

(1)安装前,目视检查软管接头密封面、软管外套和接头螺纹是否有损伤,确保软管及接头完好,确保软管清洁。若发现软管外套断丝,按以下程序处理:

1)在软管断丝处做上标记,以便于工作检查。

2)如果一个平面出现两根以上断丝或有几根断丝出现在一个集中区域,该软管不能再次使用。

(2)根据维护手册或工作单的要求,润滑软管接头外螺纹。螺纹润滑剂不允许进入管道的内腔。

(3)确认软管安装位置正确,用手拧紧管螺帽。

(4)确认软管未发生扭转、长度合适。保证有 5%~8% 的松垂度,如图 1-120 所示。

注意:如果软管出现扭转,使用一段时间后,软管会出现损伤或接头发生渗漏。可通过软管侧面的检查线检查是否发生扭转。如图 1-121 所示。

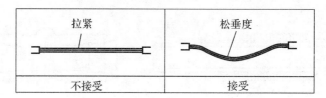

图 1-120　软管松垂度检查

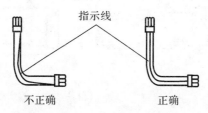

图 1-121　软管扭曲检查

（5）将软管螺帽拧紧到要求的力矩值，拧紧时也需要使用两把扳手。

（6）如果力矩扳手接近不方便，应先用拧紧螺帽，然后再用扳手拧紧 1/6～1/3 圈。

（7）安装管卡，确认软管与邻近的结构之间有足够的间隙（至少每隔 24 in 处有一个支撑点）。如果出现图 1-122 左侧所示的情形，应用软管夹子隔开。

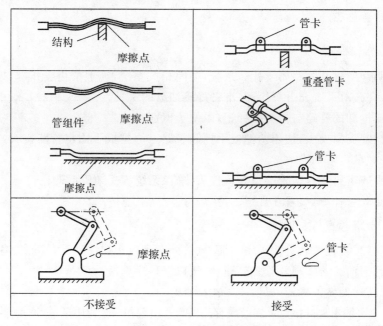

图 1-122　软管间隙检查

（8）清洁软管表面及接头表面，恢复相关系统，按相关要求进行测试。渗漏检查时，用毛巾擦拭管路及接头，对系统增压 15 min 以上，检查接头是否渗漏。若发生渗漏，须查找原因并排除故障。

1.5.3.3　软管拆装注意事项

（1）上述是软管的一般安装和拆卸程序。如果某个系统有特殊的规程,必须遵照各机型的维护手册的标准完成软管的拆装工作。

（2）在对氧气系统柔性软管维修之前,应首先阅读氧气系统安全预防措施和一般性维护说明,参阅维护手册 AMM 的 ATA35 章氧气系统。

（3）在 AMM 手册中查找软管接头螺母力矩值。

（4）软管拆卸后,必须用堵头或密封袋堵塞管口和管接头,以防止杂质进入管路。

（5）如果液压油溅落在飞机上,应立即清除干净,否则液压油会损坏飞机表面。

（6）在安装软管前,确认所有软管口和管接头上的密封完好,否则软管不得安装。

（7）各系统的软管接头螺纹润滑剂,应根据 AMM 手册查找、确定。

（8）防止弯曲过度损伤管路,必须满足最小弯曲半径或使用弯管接头。

1）软管接头的非弯曲段,必须有不小于 2 倍的软管直径长度,如图 1−123 所示。

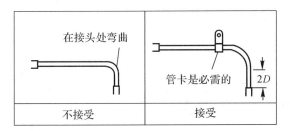

图 1−123　软管接头弯曲检查

2）软管最小弯曲半径,符合维护手册 AMM 的要求,如表 1−13 所示。

表 1−13　最小弯曲半径

AS115 软管代号	软管内径/mm	弯曲部分内侧最小半径/mm
04	6.35	38.1
06	9.53	63.5
08	12.7	73.2
10	15.9	82.6
12	19.1	101.6

3）必须弯曲的地方,可用弯管接头进行安装,或弯曲半径不超过维护手册 AMM 的要求。如图 1−124 所示。

（9）必要的地方可用防磨带子包缠软管以防擦伤。

1）包扎带的材料主要有硅橡胶黏胶、特氟隆、黑色尼龙防磨带。

2）软管防磨带包扎步骤如图 1−125 所示。

3）施工要求:收尾锁紧带圈数应为 10 圈左右;收尾锁紧点位于 5 圈左右(或 0.75～1.5 in 处);尾端长度 0.25 in。

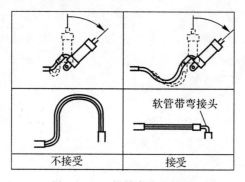

图 1-124　软管弯曲度检查

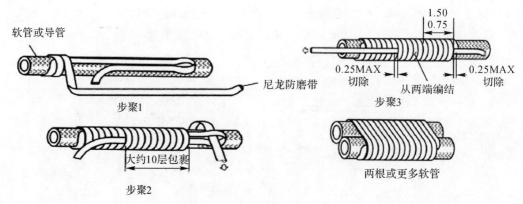

图 1-125　软管防磨带包扎

1.6　传动部件拆装

1.6.1　钢索传动系统

1.6.1.1　钢索传动系统的组成

钢索操纵系统除钢索之外,还包括钢索接头、松紧螺套、滑轮、扇形盘、导索板、护索环、气动封严、张力补偿器、钢索鼓轮、校装销等。

(1)钢索。

1)钢索材料。钢索是由碳素钢或不锈钢材料制成的钢丝绕成。碳素钢钢索表面通常是包锌镀锡。

2)钢索的规格型号。钢索的规格型号按所具有的钢丝股数和每段钢丝根数来识别,采用两位数编码。第一个数字是股数,第二个数字是每股的钢丝数。应用最广泛的航空钢索为"7×7"(7股,每股7跟钢丝)和"7×19"两类(7股,每股19根钢丝),如图1-126所示。

钢丝的直径一般为1/16~3/8 in,以1/32 in为单位递增或递减。

(2)钢索接头。

钢索接头通过挤压的钢索的端头成形,用于钢索之间、钢索与其他部件的连接。

常用的钢索接头如图 1-127 所示,有双柄球头式、单柄球头式、螺杆头式、叉形头式、销眼头式、柱头式等。

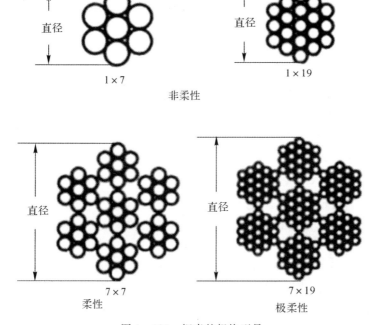

图 1-126　钢索的规格型号

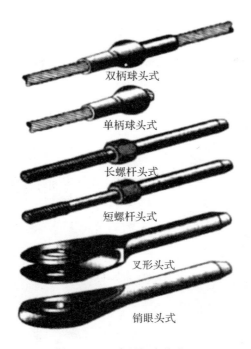

图 1-127　常用钢索接头

(3)松紧螺套。

松紧螺套用于螺杆头式钢索接头的连接,它可以少量地调节钢索长度以调整钢索的张力大小。松紧螺套一端为右旋螺纹,另一端是左旋螺纹,与螺套两端相配的钢索接头也是左旋或右旋螺纹。为了便于识别,在松紧螺套左旋螺纹一端刻有一道槽线或滚花,如图1-128所示。

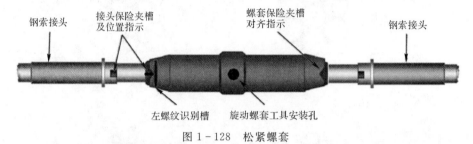

图1-128 松紧螺套

(4)滑轮。

滑轮用来支撑钢索和改变钢索的运动方向。滑轮的制造材料一般是胶木或硬铝。滑轮的轮缘使用中不应有损坏。滑轮装配的基本构造如图1-129所示。

(5)扇形盘。

扇形盘也叫扇形臂,既具有滑轮的作用,还可以改变力的大小。在某些地方必须用扇形盘与钢索连接,可以避免钢索被额外拉伸。扇形盘装配基本结构如图1-130所示。

(6)导索板、护索环。

导索板、护索环是由耐磨材料制成的,可以在钢索拆装工作中起导向作用,还可限制钢索的径向跳动,避免钢索与领近结构产生摩擦,防止钢索损伤。导索板如图1-131所示,护索环如图1-132所示。

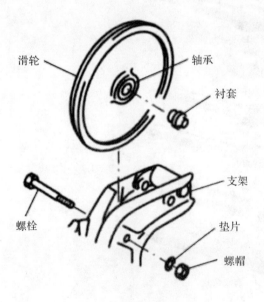

图1-129 滑轮装配

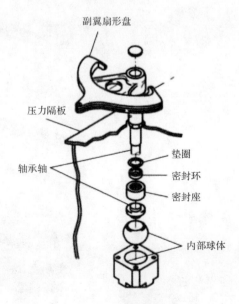

图1-130 扇形盘装配

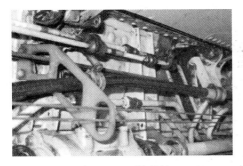

图 1-131　导索板

图 1-132　护索环

（7）气动封严。

气动封严安装在操纵钢索从增压区到非增压区的飞机增压密封框架上。密封组件包括一个对半分开非金属材料的球，它由密封板和密封盖支撑。密封件的间隙过大会产生飞机漏气，间隙过小会使钢索过早磨损。气动封严装配如图 1-133 所示。

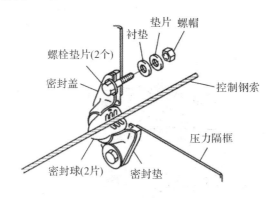

图 1-133　气动封严装配

（8）张力补偿器。

由于飞机机体上的外载荷的变化和周围气温的变化，飞机机体结构和飞机操纵分系统之间会产生不同程度的相对变形，因而钢索可能会变松或变紧。变松将发生弹性间隙，过紧产生附加摩擦。钢索张力补偿器的作用是保证钢索调节正确的张力不受以上因素的影响，以保证操纵的准确。如图 1-134 所示为补偿滑轮型钢索张力补偿器。此外它也具有钢索扇形盘的作用。

（9）鼓轮和校装销。

鼓轮和校装销如图 1-135 所示，鼓轮既可以给操纵钢索导向、支撑钢索，还可以与操纵系统的执行机构连接，控制飞机操纵。校装销用于飞机钢索张力校装。校装销的作用是使操纵系统处于中立位置。不同系统做钢索张力校装时，其校装销的长短粗细是不一样的，应参照 AMM 手册或工作单施工。钢索张力校装完毕，须从飞机上拆除校装销。

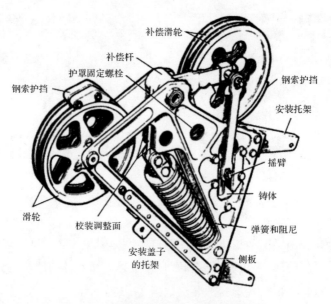

图 1-134 补偿滑轮型钢索张力补偿器

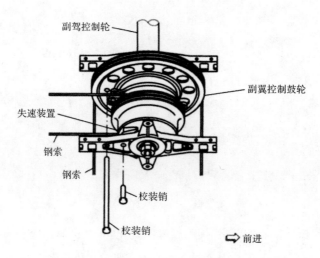

图 1-135 鼓轮和校装销

1.6.1.2 钢索传动系统拆装

飞机上各个钢索传动系统都有各自的拆装程序,下面只给出操纵钢索拆装的一般工作步骤。

(1)操纵钢索拆卸。

1)安装校装销(如果要脱开钢索,需要相应的鼓轮和扇形盘上安装校装销)。

2)使用标识带在所拆装钢索接头上做记号。

3)拧开松紧螺套,以卸去钢索的张力。

4)如果需要,拆装控制钢索控制部件,如:滑轮、导向环、钢索空气封严等。

5)安装钢索夹子,保持钢索的微量张力。注意:微量张力的作用是保持钢索在导向滑轮上，防止钢索从滑轮、扇形盘上松开。

6)在拉出钢索前，将新、旧钢索接头连接在一起。在拆下旧钢索的同时安装新钢索，用旧钢索拉动新钢索到规定位置。

(2)操纵钢索安装。

1)如果需要，拆下滑轮和钢索空气封严。

2)用干燥不起毛的粗棉布擦拭新钢索；给碳素钢索上涂一层薄薄的润滑脂，将新钢索与旧钢索连接在一起，保持微量张力情况下，拉出旧钢索的同时也拉入新的钢索。

3)安装滑轮、空气封严装置（如果已拆卸的情况下）。

4)制作钢索接头，并为接头提供载荷试验，安装钢索另一端与其对应的接头。

5)用干燥不起毛的粗棉布清洁导索环、空气封严、滑轮、扇形盘、鼓轮上的钢索。

6)在钢索接头上安装松紧螺套。

7)从扇形盘和控制钢索上拆下钢索夹子。

8)参考相关机型 AMM 手册相应系统章节中的"温度-张力图表"，做新钢索张力测试和调节。安装新钢索，首次调整到正常值的 2 倍，再恢复到正常值。

9)拆下校装销。正确调节空气封严，防止钢索偏斜，并确保钢索自由移动。

10)给所有的松紧螺套打上保险。

11)全行程操纵机构；确保控制机构和操纵钢索能轻松自如地移动；确保不必用太大的操纵力去操纵。

1.6.2　杆式传动系统

1.6.2.1　杆式传动系统的组成

图 1-136 所示为某型发动机油门操纵系统，该系统属于典型的杆式传动系统。杆式传动系统主要由两类元件组成，一类是绕固定点旋转的摇臂，一类是做空间平移运动，起到传递运动和推拉力的推拉杆（传动杆）。为方便对杆式传动系统进行调整，传动杆一般长度可调，有的摇臂连接孔也做成条孔，便于调整摇臂的实际连接长度，摇臂的侧面加工成锯齿状，以便与齿板配合，保证调整好的摇臂长度不发生变化。

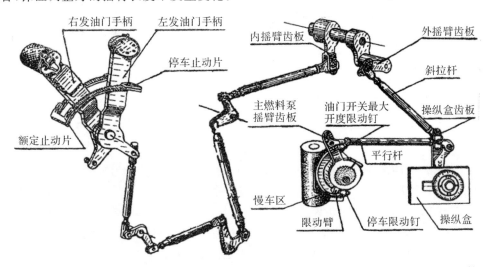

图 1-136　某型发动机油门操纵系统图

推拉杆用于传递推力、拉力,大多数用铝合金管制成,也有用钢管制成的。为使推拉杆受压时不易失去稳定性并避免产生共振,推拉杆一般不宜过长(2 m 以内)。

(1)推拉杆的组成。

杆身两端各装有可调节长短的接头和锁紧螺帽。锁紧螺帽的作用是在杆端接头调节长短后,挤紧接头的螺纹,以保持锁定固位。调节组件包括保险垫片、锁紧螺帽和拉杆接头推拉杆等,如图 1-137 所示。

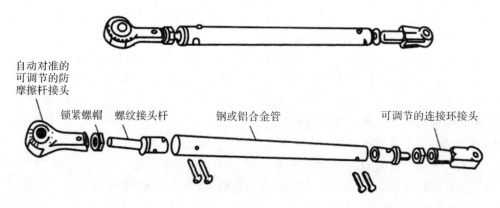

图 1-137 推拉杆

推拉杆不仅做直线往复运动,而且要相对铰接点转动,因此在接头内通常装有轴承。有些推拉杆还要绕本身转动和向两侧摆动,因此装有旋转接头;为使推拉杆能摆动,接头上一般还装有球形轴承,如图 1-138 所示。

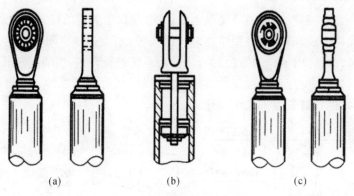

(a)　　　　　　　(b)　　　　　　　(c)

图 1-138 推拉杆接头

(2)推拉杆的调节。

1)推拉杆的调节量应由手册相关规定参数决定。

2)在调长传动杆时,注意不要使调节螺杆退出过多,否则螺纹受力圈数过少,影响传动时的受力。为此在传动杆调节后应检查确保调节螺杆的末端不应超过观察孔的位置。

3)在调短传动杆时,可调接头上应留有一定的螺纹,以便在使用中有调节余地。

4)传动杆调节后应做相关的检查,传动杆表面应平滑,无裂纹、压坑、划伤、锈蚀和固定销(铆钉)松动。各种损伤的允限应以该型飞机的规定为准。

1.6.2.2　杆式传动系统拆装

杆式传动系统拆装的一般过程如下：

(1)杆式传动系统拆卸。

1)拆除传动杆与传动臂连接螺栓上的保险装置。

2)拆除传动杆与传动摇臂间的连接螺栓。

3)拿出传动杆。

4)如有必要,拆除传动摇臂的固定螺栓,拆除传动臂。

(2)杆式传动系统安装。

1)检查待安装的传动杆、传动摇臂及螺栓完好符合要求。

2)如果拆除了传动摇臂,则应先将传动摇臂安装到固定件上。

3)调整传动杆长度为中间长度。

4)将传动杆连接的摇臂初始位置对正,调整摇臂长度,连接好传动杆。

5)检查传动杆连接的摇臂的终点位置,如果不符合要求,则通过传动杆长度和摇臂长度反复调整,直至传动关系符合要求。

6)对传动杆的连接螺栓和传动杆的调整接头打保险。

1.7　航空器部件的拆装

航空器航线可更换件的拆装是航空维修中处理故障时最经常做的工作,应该掌握航空器部件拆装的一般程序和要求,正确理解和执行拆装工作单。

1.7.1　航空器部件拆装的一般程序

航空器部件拆装一般分为拆装前的准备、拆卸或安装、收尾三个阶段。

1. 拆装前的准备阶段

航空器部件拆装前需要进行的准备工作如下：

(1)准备工作单和技术资料。

拆装工作单是进行航空器部件拆装的根本依据,一般由工程技术部门下发,其来源于相关机型飞机维护手册。施工中还可能会涉及相关系统的准备和测试程序,要参阅飞机维护手册的相关程序;如果涉及航材更换,还可能会需要查阅 IPC 手册。因此在拆装工作前要进行拆装工作单和相应手册的准备。

拿到拆装工作单后,应仔细阅读工作单,正确理解工作单,明确工作内容;根据工作单附图和工作区域,识别工作部件和位置,明确接近通道;清楚相关附件的连接关系,明确系统关系和隔离措施,还要评估拆装过程中可能的风险并制定风险预案。

(2)准备好工具、器材与设备。

按照拆装工作单的要求,进行拆装操作和测试过程可能需要的工具准备;准备部件拆装、清洁、润滑和保险等过程所需的耗材;准备接近所需的梯架、拆装必要的吊具、测试所需的量具和仪器等设备。

（3）工作场地的选择、清扫与布设。

根据工作内容的需要，选择和布设拆装环境：比如可能会有外部沙尘进入的系统拆装，应尽量在室内完成；而可能需要通电或试车操作的应根据测试的场地和安全需求，在室外布设足够的安全空间，并设置警告标识和警戒人员。

（4）安全措施准备。

对于评估工作过程中可能产生的风险，进行相应的安全预案准备。如可能有火灾风险的，应准备相应的灭火设备和人员；可能造成人员伤害的，按情况准备护目镜、耳塞、橡胶手套等；2 m 以上作业时应佩戴安全绳；等等。

（5）人员准备。

根据工作内容所涉及的专业和工作任务需要，配置足够数量和符合专业资质要求的人员。

（6）飞机上的系统状态准备。

根据拆装所涉及的系统和位置情况进行必要的系统准备：如需进行飞机液压系统管路的拆卸，应在飞机上对相应的液压系统部分进行隔离，关断拆卸部分的连接油路，消除拆卸部分管路压力，断开该部分的控制开关及其控制电源，确保拆装过程安全；如果进行电气系统部件拆装，应对要拆装的电气部件关联的电路进行必要的隔离，确保断电操作；如果进行气路系统部件拆装，应对要拆装的部分气路进行隔离，并释放该部分气体压力；如果进行起落架拆装，应确保飞机的顶升状态；等等。如在工作舱内工作时，应在要拆卸的部件下方铺好垫布，以防止拆装过程中螺钉等小零件掉入飞机内部；在拆动部位做好标记，以防止错装。

2. 拆卸阶段

通常航空器部件大多以紧固件实现部件在飞机上的固定，以各类连接件（电连接器、连接销钉、管路接头等）实现其与系统的连接，这些固定点和连接点通常都采取保险装置实现螺纹连接的防松。在拆卸过程中应该合理安排拆卸顺序，一般顺序是：

1）拆除所有保险装置；

2）拆除部件与外部的所有连接点；

3）拆除部件的固定连接点；

4）拆除部件；

5）对所有的接头进行封堵保护。

3. 安装阶段

安装阶段的一般步骤是：

1）安装前的系统状态、安全警告标识的确认；

2）安装部件、紧固件及配合表面的状态检查；

3）拆除安装部件的封堵和系统管路封堵；

4）按照标记对上要安装的部件，并装上固定点；

5）用手对上部件的所有连接点并用手拧紧；

6）用力矩扳手将固定点拧到规定紧度；

7）用力矩扳手将所有连接点拧到规定紧度；

8）进行必要的测试，比如管路安装应进行密封性测试；

9)根据测试结果进行必要的调整直至完全符合要求；

10)对所有的紧固件进行保险。

4.收尾阶段

拆装阶段完成后应进行施工现场的清理,主要包括:

(1)工作收尾。

1)清点工具；

2)清洁并恢复工作现场；

3)恢复飞机状态；

4)确保维修工作单卡、飞行记录本等维修记录已完成签署。

(2)归还工具设备。

(3)将维修工作单卡等维修记录反馈给相关部门。

1.7.2　航空器部件拆装的一般要求

在航空器部件拆装过程中,一般要求如下:

(1)严格遵守工作单的要求,执行"看一条、干一条、签一条"的要求,确保每个步骤的完成质量。

(2)正确理解手册中的警告(WARNING)、告诫(CAUTION)和提示(NOTE)等信息的含义,防止人员受伤、飞机或设备受损。

(3)固定点和连接点拆装的一般顺序应该遵循以下原则:

1)先拆活动接点,后拆固定接点；先拆传动部分,后拆固定部分。

2)先拆小的部分,后拆大的部分；先拆外面的部分,后拆里面的部分。

3)先拆受力小的,后拆受力大的；先拆下面部分,后拆上面部分。

4)先拆中间部分,后拆两端部分；先拆部分后装,后拆部分先装。

(4)将拆下的部件、螺钉、螺帽等做好标记,并有序摆放；拆装带有管路的部件,应及时封堵管口。

(5)对于静电敏感元器件(ESDS),应做好静电防护。

(6)做好相应的安全防护措施。例如:高空作业时必须系安全带、打保险时应佩戴护目镜等。如需使用可燃、有毒、对皮肤有刺激性的溶液、清洗剂、密封胶或其他材料,应严格遵守制造厂家的相关要求；对于可能有油液泄漏的场合,应采取必要的防护手段,保证人员的安全,保证油液不污染部件和地面。

(7)严禁带电拆装。

(8)活动部件的拆装必须在限动保护下进行。

(9)安装完成后应进行质量检查,质量标准一般表述为:

1)安装正确:航空器部件和周围附件的连接关系正确,相对位置和间隙符合要求,没有错装和漏装现象。

2)紧度合适:所有连接点的紧固度符合力矩要求。

3)保险牢靠:所有保险装置符合质量要求。

1.7.3 航空器部件拆装示例(A320飞机液压刹车过滤器的拆装)

(一)拆卸液压刹车过滤器 2862GM(任务 32 - 43 - 21 - 000 - 001 - A)

警告:确保接通飞机电源前,所有维护中的电路隔离。

警告:开始任务前,在以下区域或附近将安全设施和警告牌就位:

· 飞行操纵装置

· 飞行操纵面

· 起落架和相关舱门

· 可能运动的部件

警告:遵从液压安全预防措施,做好防护工作。

1. 工作目的

自定义。

2. 工作准备信息

A. 固定设备、工具、试验和支持设备。

参　考	数　量	名　　称
无规定	1	工作平台 2m(6 ft)①
无规定	1	容器 5 L(1.32 USgal)②
无规定	按要求	堵头
无规定	按要求	跳开关保险夹
无规定	1	警告牌

B. 参考信息。

参　考	名　　称
24 - 41 - 00 - 861 - 002 - A	通过地面电源接通飞机电路
24 - 41 - 00 - 861 - 002 - A - 01	从 APU 供电飞机电路
24 - 41 - 00 - 861 - 002 - A - 02	飞机电路从发动机上 1(2)供电
29 - 00 - 00 - 910 - 002 - A	液压系统的安全预防措施
29 - 10 - 00 - 864 - 002 - A	对黄液压系统卸压
29 - 14 - 00 - 614 - 001 - A	释压液压油箱
29 - 23 - 00 - 860 - 001 - A	脱开动力转换组件(PTU)的隔离接头
32 - 00 - 00 - 860 - 001 - A	通电时的飞行构型预警
32 - 00 - 00 - 860 - 001 - A - 01	无电源的飞行构型预防措施

---

① 1 ft=0.305 m。

② 1 USgal[1加仑(美)]=3.785 cm³。

续表

参　考	名　称
32 - 12 - 00 - 010 - 001 - A	打开主起落架舱门以便接近
32 - 44 - 11 - 200 - 001 - A	通过读取蓄压器表的充气压力功能检查停车/应急刹车蓄压器

液压刹车过滤器-位置和详图见图 1 - 139

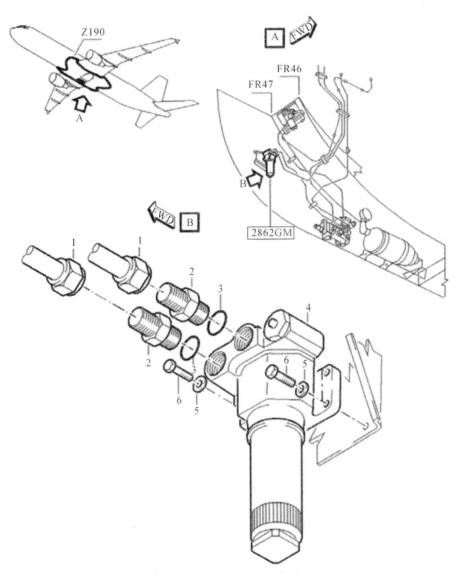

1—插头；　2—接头；　3—垫圈；　4—液压刹车滤网；　5—垫圈；　6—螺栓

图 1 - 139　飞机液压刹车过滤器位置图

3. 工作准备

子任务 32－43－21－860－050－A

A. 飞机维护构型。

(1)对飞机电路供电(参见 AMM 任务 24－41－00－861－002)。

(2)对黄液压系统卸压(参见 AMM 任务 29－10－00－864－002)。

(3)降低刹车蓄压器压力(参见 AMM 任务 32－44－11－200－001)。

子任务 32－43－21－010－050－A

B. 接近。

打开右主起落架门(参见 AMM 任务 32－12－00－010－001)。

子任务 32－43－21－869－050－A

C. 脱开 PTU 隔层联轴器。

(1)对黄液压系统卸压(参见 AMM 任务 29－14－00－614－001)。

(2)断开 PTU 隔离联轴器(参见 AMM 任务 29－23－00－860－001)。

(3)服从飞行构型预先警告(参见 AMM 任务 32－00－00－860－001)。

(4)将 2 m 梯架放置就位。

(5)将 5 升容器就位在液压刹车过滤器(2862GM)下方以收集泄漏的液压油。

子任务 32－43－21－865－050－A

D. 断开这些跳开关、打保险和挂标签:

面板	名　称	功能项目号	位　置
121VU	HYDRAULIC/BRAKING AND STEERING/SYS2/SPLY	4GG	M36
121VU	HYDRAULIC/BRAKING AND STEERING/SYS2/CTL	3GG	M35
121VU	HYDRAULIC/BRAKING AND STEERING/SYS1/CTL	1GG	M34
121VU	HYDRAULIC/BRAKING AND STEERING/SYS1/IND AND/SPLY	2GG	M33
121VU	HYDRAULIC/P 按要求 K BRK/CTL/STBY	71GG	N37
121VU	HYDRAULIC/P 按要求 K BRK/CTL/NORM	70GG	N36
121VU	HYDRAULIC/HYD POWER/Y	3803GX	N30
123VU	Y HYD/ELEC/ELEC PUMP/NORM	3801GX	AB03
123VU	Y HYD/ELEC/PUMP	3802GX	AB06

子任务 32－43－21－941－050－A

E. 安全预防措施。

在驾驶舱内面板 40VU 和黄液压系统地面维护面板上,将警告牌放置就位,以告诫人们不要增压黄液压系统。

4. 程序

液压刹车过滤器-位置和装配关系如图 1－139 所示。

子任务 32－43－21－020－050－A

(1)按照液压安全预防措施要求(参见 AMM 任务 29－00－00－910－002),做好防护。

(2)从接头 2 脱开插头 1。

(3)用堵头对拆开的管口进行封堵。

(4)拆下螺栓 6,垫圈 5 和液压刹车滤网 4。

(二)安装液压刹车过滤器(任务 32－43－21－400－001－A)

警告:接通飞机电源前,确保所有维护中的飞机电路断开。

警告:开始任务前,在以下区域或附近将安全设施和警告牌就位:

・飞行操纵装置

・飞行操纵面

・起落架和相关舱门

・可能运动的部件

警告:遵从液压安全预防措施,做好防护工作。

警告:仅在通风良好的环境下使用溶液/清洁剂、密封剂和其他特殊服从制造商说明。穿上防护服。不要让它们进入口中;不要在工作区域吸烟;不准吸入气体,这些化学品有毒而且易燃,并对皮肤有刺激性,如果皮肤或者眼睛受到伤害,应马上就医。

1.工作目的

自定义。

2.工作准备信息

A.固定设备、工具、试验和支持设备。

参　考	数　量	名　称
无规定	1	力矩扳手:范围在 0.67 N・m 和 135 N・m 之间

B.消耗材料。

参　考	名　称
02－003＊	液压油:不再可用
02－003A	液压油:液压油(磷酸盐酯基)
02－003B	液压油:液压油(磷酸盐酯基)
02－003C	液压油:不再可用
02－003D	液压油:液压油(磷酸盐酯基)
07－010＊	亮漆
09－018＊	密封胶:低黏性多硫化合物密封剂

C.参考信息。

参　考	名　称
12－12－29－611－001－A	用手摇泵为液压油箱加油

续表

参　考	名　称
12－14－32－614－002－A	黄液压系统,刹车蓄压器的充氮
20－23－11－917－001－A	液压接头的拧紧
24－41－00－861－002－A	由地面电源向飞机电路供电
24－41－00－861－002－A－01	由辅助动力装置(APU)向飞机电路供电
24－41－00－861－002－A－02	由发动机1(2)向飞机电路供电
29－00－00－910－002－A	液压系统的安全预防措施
29－10－00－864－002－A	对黄液压系统卸压
29－14－00－614－001－A	释压液压油箱
29－23－00－860－002－A	连接动力转换组件(PTU)的隔离接头
32－00－00－860－001－A	通电时的飞行构型预警
32－00－00－860－001－A－01	无电源的飞行构型预防措施
32－12－00－410－001－A	检修后关闭主起落架舱门
32－43－00－710－001－A	备用刹车系统的操作检查
51－75－13－916－002－A	防腐层修理

液压刹车过滤器-位置和装配关系详图见图1－139

3. 工作准备

子任务 32－43－21－860－051－A

A. 飞机维护构型。

(1)确保飞机电路接通(参见 AMM 任务 24－41－00－861－002)。

(2)确保动力转换单元(PTU)联轴器断开(参见 AMM 任务 29－23－00－860－002)。

(3)确保飞机状态符合飞行构型预防措施(参见 AMM 任务 32－00－00－860－001)。

(4)确保黄液压系统卸压。(参见 AMM 任务 29－10－00－864－002)。

(5)确保黄液压系统的油箱已释压。(参见 AMM 任务 29－14－00－614－001)。

子任务 32－43－21－865－051－A

B. 确保这些跳开关已断开,打保险和挂标签:

面　板	名　称	功能项目号	位　置
121VU	HYDRAULIC/BRAKING AND STEERING/SYS2/SPLY	4GG	M36
121VU	HYDRAULIC/BRAKING AND STEERING/SYS2/CTL	3GG	M35
121VU	HYDRAULIC/BRAKING AND STEERING/SYS1/CTL	1GG	M34
121VU	HYDRAULIC/BRAKING AND STEERING/SYS1/IND AND/SPLY	2GG	M33
121VU	HYDRAULIC/P 按要求 K BRK/CTL/STBY	71GG	N37

续表

面　板	名　称	功能项目号	位　置
121VU	HYDRAULIC/P 按要求 K BRK/CTL/NORM	70GG	N36
121VU	HYDRAULIC/HYD POWER/Y	3803GX	N30
123VU	YHYD/ELEC/ELEC PUMP/NORM	3801GX	AB03
123VU	YHYD/ELEC/PUMP	3802GX	AB06

子任务 32 - 43 - 21 - 560 - 050 - A

C.替换部件的准备。

(1)从拆下的液压刹车滤子 4 拆下接头 2。

(2)拆下并报废封圈 3。

(3)将液压油(材料号 02 - 003 *)、液压油(材料号 02 - 003A)、液压油(材料号 02 - 003B)、液压油(材料号 02 - 003C)或液压油(材料号 02 - 003D)涂到新的封圈 3 和接头 2 的螺纹。

(4)在接头 2 上安装封圈 3。

(5)将接头 2 安装在新的液压刹车过滤器 4 内,并拧紧至 31.86 N•m 和 34.70 N•m 之间。

子任务 32 - 43 - 21 - 560 - 051 - A

D.安装准备。

(1)清洁部件接合面和/或邻近区域。

(2)确保保留在拆除部件上的零件洁净且状况良好。

(3)检查部件接合面和/或邻近区域。

警告:当使用特别材料时,遵循制造厂说明。

(4)服从液压安全预防措施(参见 AMM 任务 29 - 00 - 00 - 910 - 002)。

4.程序

液压刹车过滤器-位置和装配关系如图 1 - 139 所示。

子任务 32 - 43 - 21 - 420 - 050 - A

A.安装液压刹车过滤器。

(1)将液压刹车过滤器 4 放在适当位置并安装垫圈 5 和螺栓 6。将密封剂(材料号 09 - 018 *)涂到部件接合面。

(2)拆下堵头并安装插头 1 到接头 2。

(3)将接头 1 拧紧到 54 - 59 N•m。

注:(参见 AMM 任务 20 - 23 - 11 - 917 - 001)。

(4)用清漆(材料号 07 - 010 *)标记接头。

子任务 32 - 43 - 21 - 865 - 052 - A

B.拆下保险丝和标签并闭合这些跳开关:

面 板	名 称	功能项目号	位 置
121VU	HYDRAULIC/BRAKING AND STEERING/SYS2/SPLY	4GG	M36
121VU	HYDRAULIC/BRAKING AND STEERING/SYS2/CTL	3GG	M35
121VU	HYDRAULIC/BRAKING AND STEERING/SYS1/CTL	1GG	M34
121VU	HYDRAULIC/BRAKING AND STEERING/SYS1/IND AND/SPLY	2GG	M33
121VU	HYDRAULIC/P 按要求 K BRK/CTL/STBY	71GG	N37
121VU	HYDRAULIC/P 按要求 K BRK/CTL/NORM	70GG	N36
121VU	HYDRAULIC/HYD POWER/Y	3803GX	N30
123VU	YHYD/ELEC/ELEC PUMP/NORM	3801GX	AB03
123VU	YHYD/ELEC/PUMP	3802GX	AB06

子任务 32 - 43 - 21 - 860 - 052 - A

C. 准备测试。

(1)如有必要,填充黄液压系统油箱到正确油位(参见 AMM 任务 12 - 12 - 29 - 611 - 001)。

(2)连接动力转换单元(PTU)隔离接头(参见 AMM 任务 29 - 23 - 00 - 860 - 002)。

(3)拆下容器。

(4)移走工作平台。

(5)取下警告牌。

子任务 32 - 43 - 21 - 710 - 050 - A

D. 测试。

(1)增压刹车蓄压器(参见 AMM 任务 12 - 14 - 32 - 614 - 002)。

(2)做备用制动系统操作检查(参见 AMM 任务 32 - 43 - 00 - 710 - 001)。

(3)确保没有液压油从液压刹车过滤器 2862GM 泄漏。

5. 结束工作

子任务 32 - 43 - 21 - 410 - 050 - A

A. 关闭接近区域。

(1)涂防腐剂到插头,接头和邻近区域(参见 AMM 任务 51 - 75 - 13 - 916 - 002)。

(2)确保工作区域清洁且没有工具和其他物品。

(3)关闭右主起落架门(参见 AMM 任务 32 - 12 - 00 - 410 - 001)。

(4)拆卸地面支架和维护设备,特别和标准工具和所有其他项目。

第2章　典型传动系统的检查与调整

飞机传动系统主要用来传递运动和动力给目的元件,形式主要有杆式、软式和混合式。传动系统的主要要求是传动准确可靠。在实际使用过程中,因为环境温度的变化、磨损等原因会出现传动间隙变大、钢索张力不足、传动系数不符合要求等情况,势必导致传动误差甚至失效。因此在传动系统中往往设置有调整元件,通过调整可恢复传动系统可靠性。本章针对不同类型的传动系统介绍其检查和调整方法。

2.1　传动系统的检查要求

2.1.1　传动系统的一般性要求

1. 系统各部件连接的可靠性

传动系统要求系统中各部件相互连接可靠,固定在机体上的部件应固定可靠。其标准主要体现为各附件连接的紧度合适(有相对运动的部件既要运动灵活,又要间隙尽可能小),保险没有松动;各附件的固定紧固件紧度合适,保险牢靠。

2. 系统机件的完整性

操纵系统要求各部附件外形完整,即要求外部没有变形、没有腐蚀、没有磨伤和烧伤,当然更不能有裂纹和掉块等损伤情况。

3. 传动可靠性

要求操纵系统在整个操纵范围内运动灵活,没有卡滞,没有间隙。

2.1.2　传动系统的功能性要求

1. 初始位置

传动系统目的在于传动操纵元件的运动控制,使执行末端元件按照操纵元件的控制运动到相应的位置,而初始位置(中立位置)是保证整个操纵系统全行程运动的前提条件。初始位置的准确性也是保证整个系统传动力和传动角满足设计要求的必要条件。该项指标一般为系统中多个元件的中立位置标准。

2. 极限位置

操纵系统的极限位置是操纵机构的运动行程要求,是实现操纵功能的体现,具体指标一般为最大偏转角度。

3. 中间位置

操纵系统的要求体现在要使执行元件的运动按照操纵元件的控制指令(位移、电信号)驱动,实现相应的控制规律要求。该规律一般表现为多段线等连续的变化,因此,除了初始位置和极限位置以外,必然有若干个中间位置的对应关系要求。

2.2 钢索传动系统的检查与调整

钢索传动系统中最容易出现损伤的部件就是钢索,同时钢索操纵系统很容易因温度的变化导致张力发生变化,因此检查的重点就是钢索的腐蚀、磨损和断丝等损伤和钢索的张力。

2.2.1 操纵钢索的检查

容易出现磨损情况的是与滑轮、鼓轮、导向环、扇形盘及与周围机械部件接触区段的钢索。容易出现腐蚀情况的是处于电瓶舱、盥洗室、起落架舱、容易积聚腐蚀性气体、蒸汽、烟雾以及沉积液体等区域的钢索。

钢索断丝的检查方法主要有:

(1)详细目视检查:对操纵钢索全行程进行详细目视检查。

(2)拉布法:做断丝的检查时,用一块布包住钢索并进行擦拭。如有断丝,布会被断丝勾住。

2.2.2 钢索传动系统的张力检查和调整

(1)工作准备。

工具准备:T2 张力计、游标卡尺、松紧螺套调整工具、一字解刀、尖嘴钳、斜口钳、护目镜、保险丝、别针保险、吸油棉、无纺布。

(2)实施过程。

1)手册查询:确定施工位置和钢索张力值的要求。

本例以 A320 飞机为对象,查找 AMM 手册 27 章中可配平水平尾翼(THS)钢索张力值的大小。经查该钢索的施工章节为 27-41-44,施工区域涵盖面积很大,从 120 区域到 310 区域。钢索张力值在安装部分的调整项内,新钢索的张力应为(500±50)N 并保持 48 小时;正常使用中钢索的正常张力值应在该工卡"钢索长度调整"中链接的 27-41-00 章节,张力值为160~280 N。

2)目视检查钢索和滑轮等部件外观的磨损情况。

3)用拉布法检查钢索是否存在断丝。

4)安装校装销。

5)用游标卡尺测量钢索直径。

6)查钢索直径-张力图确定张力显示范围和垫块。

7)用张力计分别在 3 个以上位置在距离滑轮等部件 152.4 mm 以外测量钢索张力,然后求取平均值作为钢索张力实际值。

8)对照张力要求,如果张力不符合要求,应进行张力调整。

9)剪除松紧螺套上的保险装置。

10)用松紧螺套调整工具调整松紧螺套长度,以使钢索张力符合要求。如松紧螺套调整到尽头仍不满足要求,可通过扇形盘上的调整元件进行调整。

11)拔出校装销。

12)按照手册要求全行程操作钢索数 n 次,以使钢索张力平衡。

13)插上校装销。

14)再次在不少于 3 个位置重新检查钢索张力,计算平均值,判断张力是否符合要求。如不符合,则继续调整,直到张力符合要求。

15)对松紧螺套进行保险。

2.2.3　典型钢索操纵系统的功能性检查和调整

功能性检查通常与系统的运动要求紧密相关,下面以某型飞机刹车调压器的操纵系统为例说明其功能性检查过程。

某型飞机刹车系统如图 2-1 所示,刹车压力调压器输出压力(由双针压力表指示)控制放大器的输出压力。而刹车调压器操纵系统如图 2-2 所示,由刹车手柄带动钢索驱动杠杆转动,推动调压器推杆下移,使调压器输出气压增大,控制最大刹车压力。该传动系统的要求是刹车手柄的握压距离与调压器推杆下移距离之间应该符合比例要求。

检查标准是:握刹车手柄到距离驾驶杆 5~10 mm 时,座舱内双针刹车压力表的指示应为 (10.5 ± 0.5) kgf/cm²[①]。

针对该系统的检查可能会出现以下三种情况:

1)握压刹车把手到距离驾驶杆 5~10 mm 时,压力表的指示为 (10.5 ± 0.5) kgf/cm²,显然该系统能正常工作。

2)握压刹车把手到距离驾驶杆 5~10 mm 时,压力表指示的刹车压力小于规定值,再握刹车把手,刹车最大压力不能增加,显然系统中有元件阻碍了调压器推杆的运动。由图 2-1 可知,限制元件来只可能是调整螺钉。

3)握压刹车把手到最大行程位置,使刹车把手与驾驶杆无间隙,压力表指示的刹车压力一直小于规定值。显然说明刹车把手与调压器推杆之间的传动系数不符合要求,即刹车把手转动角度大,带动的调压器推杆运动的距离小于规定值。其根本原因在于钢索相对过长。

上述的第二和第三种情况显然是不符合传动要求的,在钢索传动系统中设置有调整元件,可以对其进行调整。

对于第二种情况,既然调整螺钉已碰到调压器的壳体,限制了刹车压力的增加,就可以对调整螺钉进行调整,使之后退一段距离,以增加杠杆的转动角度,进而增加调压器推杆行程,最终实现双针压力表指示的刹车压力的增加。

调整方法:松开调整螺钉的保险螺帽。然后反拧调整螺钉,再拧紧保险螺帽,复查刹车压力是否调到规定值。

①　1 kgf/cm² = 9.8×10^4 MPa

对于第三种情况,既然钢索相对过长,最直接的办法就是对钢索长度进行调整,但从图2-2可以看出,要调整钢索长度就只能在钢索的两端接头位置拆开接头调整,显然这样的调整既不方便施工也不能精确控制。可以通过调整螺套来增加钢索套的长度,其调整原理如图2-3所示。将调整螺套远离支座一段距离,使得支座与硬套管之间的所需的钢索长度增加,间接起到调短钢索的目的。

调整方法:拧松保险螺帽,用手捏住钢索套并稍向后拉,然后用扳手反拧转螺套,使调整螺套向后移,使钢索套的弯曲度增大(见图2-3),与此同时钢索也随着钢索套后退,使调整螺钉到调压器壳体的距离缩短(由 L_1 减小到了 L_2),因而减小了刹车把手的行程,增大了刹车到最大压力时的刹车把手间隙。

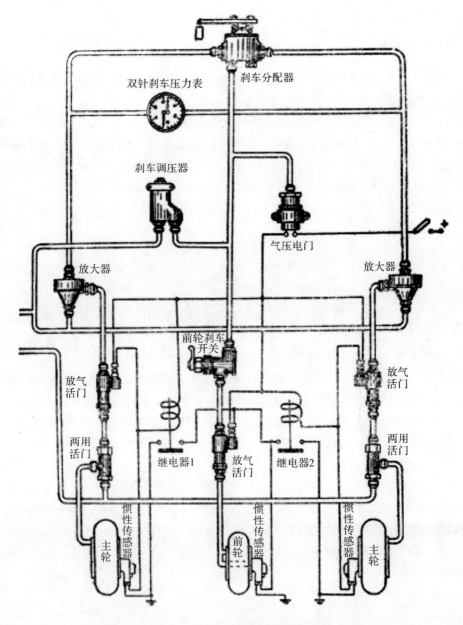

图 2-1　某型飞机刹车系统原理图

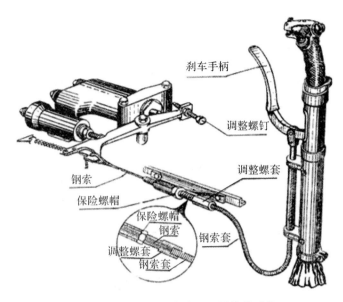

图 2-2　某型飞机刹车调压器操纵系统

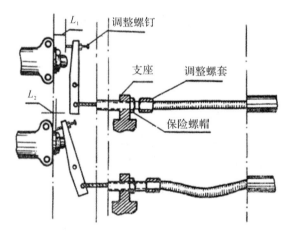

图 2-3　钢索螺套调整原理示意图

综上所述,可以把刹车最大压力的调整归纳为:压力不合调螺钉(在螺钉碰到调压器壳体的条件下),把手间隙不合调螺套。

2.3　杆式传动系统的检查与调整

某型发动机油门操纵系统(见图 2-4)属于典型的杆式传动系统,其功能性要求可表述为协调性指标,即要求指油门手柄、加力操纵盒、油门指示臂三者间的协调性。这里仅仅以加力操纵盒和油门指示臂之间的协调性要求和调整说明其检查要求和调整方法。加力操纵盒的位置以加力操纵盒转轴的转角大小表示,油门指示臂位置以其与刻线盘上刻线的相对位置来表示,如图 2-5 所示。

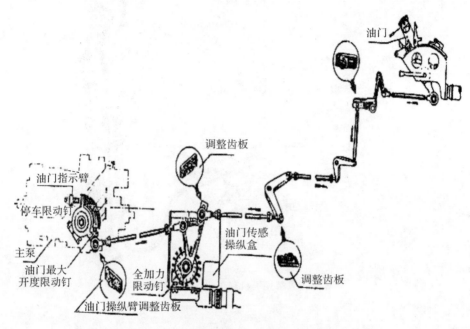

图 2-4　某型发动机油门操纵系统示意图

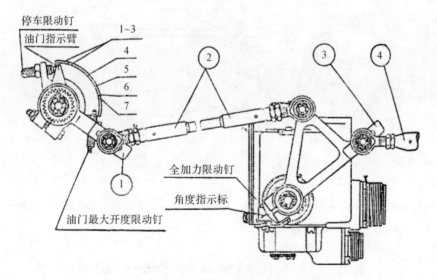

图 2-5　油门操纵臂与加力操纵盒的调整部位

2.3.1　典型杆式传动系统的功能性要求——协调性

某型发动机油门操纵系统协调性指标表征为发动机在各个状态下,这三个元件均在正确的对应位置上。其中,加力操纵盒和油门指示臂之间位置对应要求如表 2-1 所示。

表 2 - 1　加力操纵盒和油门指示臂位置对应要求

发动机状态	停车	慢车	最大推力	最小加力	最大加力
油门指示臂	紧靠停车限动钉	1～3 刻线之间	6 刻线以后	第 7 刻线后	第 7 刻线以后
加力操纵盒	0±1°	13°±2°	63°～64°	73°±1°	112°～113°

2.3.2　杆式传动系统的调整规律

1. 传动杆的调整原理

对于图 2-5 所示的传动系统,可以简化为图 2-6 所示的运动简图。整个传动系统由摇臂 1(简称板 1)、传动杆 2(简称杆 2)和摇臂 3(简称板 3)组成。图中,实线表示杆 2 调整前的情况,虚线表示杆 2 调长后的情况。

杆 2 调整前,当板 1 的端点由点 3 转到点 4 位置时,板 3 的端点将由点 1 转到点 2。如果将杆 2 调长,在板 1 转角不变的条件下,板 3 的端点将由点 1′转到点 2′,也就是说,板 3 的起点和终点位置都要顺时针转一个角度。如果杆 2 调短,则板 3 的起点和终点都要反时针转动一个角度。

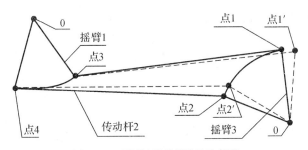

图 2-6　"调杆平移"原理示意图

调整传动杆长度,当一个摇臂的活动角不变时,另一个摇臂的活动区域将顺时针或反时针移动一个角度,但活动角度基本不变。这种情况称为"调杆平移"原理。

2. 带齿摇臂的调整原理

如图 2-7 所示的带齿摇臂 1,传动杆 2 和摇臂 3 的传动情况。图中,实线表示摇臂 1 调整前的位置,当摇臂 1 由点 3 转到点 4 位置时,摇臂 3 将由点 1 转到点 2,如果将摇臂 1 调短,使点 3 移到点 3′,当摇臂活动角度不变时,摇臂 3 将由点 1′转到点 2′(如图 2-7 中的虚线所示),即摇臂 3 的起点和终点同时向里收拢,活动角度变小。如果将摇臂 1 调长,则摇臂 3 的起点和终点同时向外扩展,活动角度变大。

调整摇臂长度,当一个摇臂的活动角度不变,另一个摇臂的活动角度将向两侧扩大或缩小。这种情况称为"调臂变角"原理。

2.3.3　典型杆式传动系统的调整——油门操纵系统

(1)发动机在各种工作状态下,加力操纵盒指示的角度都大或都小时的调整。

以主燃科泵上刻线盘的各刻线为准,扳动油门传动臂,使油门指示臂分别停在"停车""慢车""额定""最大""最小加力""全加力"各个位置,如果加力操纵盒刻线的度数都大于或都小于规定,可以根据"调杆平移"原理,将传动杆2调长或调短,使各种状态的度数恢复到规定值。

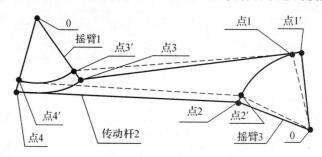

图 2-7 "调臂变角"原理示意图

如图 2-5 所示,调长杆 2 后,使板 3 顺转一个角度,当对准泵上的固定刻标线时各状态指示角度均下降。

调整方法是:松开板 3,然后拧松杆 2 两头的保险螺帽,即可进行调整。调整完毕,在拧紧保险螺帽时,要求两个接头的平面应当保持平行,以免影响操纵系统的灵活性。

(2)加力操纵盒指示的角度,"慢车"大"加力"小。

以主燃料泵刻线盘的各刻线为准,在加力操纵盒刻度盘上,"慢车"指示的度数大于规定,"最大"和"加力"指示的度数小于规定。这种情况说明加力操纵盒板 3 的转动角度过小,根据"调臂变角"原理,应当把板 1 调长,使板 3 的转动角度增大,使各种状态下的加力操纵盒刻度盘上的度数恢复正常,如果"慢车"状态的度数小于规定,"加力"状态的度数大于规定,则应当把板 1 调短,使其恢复正常。

如图 2-5 所示,若将板 1 调长,使板 3 的转角增大(即向外扩展),当对准泵上的固定刻标线时,"慢车"指示刻度减小,"加力"指示刻度增大。

调整方法是:在板 1 齿板上作标记,然后拧松板 1 的固定螺帽,上移齿板则调短,下移齿板则调长,调整完毕,应当使两面齿板咬合,拧紧固定螺帽。

(3)更换主燃料泵或加力操纵盒之后的调整。

更换"主燃油泵"或"加力操纵盒"之后,该传动系统原有的对应关系将会全部丢失,要恢复到符合规定,可按如下步骤方法调整。

1)将主燃料泵的油门指示臂放在停车位置(即停车限动臂与限动钉接触),加力操纵盒放在 0°位置。

2)把杆 2 的长度调到中间位置,然后调整板 1 使传动杆和齿板连接好。

3)扳动主燃料泵上的传动臂,使加力操纵盒的限动臂靠在限动钉上,油门指示臂应当在第 7 刻线以后,如果油门指示臂不到第 7 刻线,说明板 3 的转角过大,提前碰钉,此时,应上调(调短)板 1,使板 3 的转角减小,并调长杆 2,连接好后,再检查油门刻线与加力操纵盒刻度的配合关系,反复几次,使其协调性恢复正常。

如果油门指示臂大大超过第 7 刻线,且油门指示臂与油门最大开度限动钉之间的间隙小于 2 mm,则调法相反。

第3章 典型航线工作

3.1 绕机检查

3.1.1 绕机检查的要点

绕机检查是按照一定的工作程序和内容要求,依据一定的绕行路线,对飞机各个系统和部件进行检查,目的在于保证整架飞机的良好可用状态。

1.检查要求

绕机检查按照对象特征要求不同可以分为3类:

(1)飞机结构及结构部件。

检查飞机各部分结构有没有超过允许的变形、腐蚀、磨伤和烧蚀、划伤、裂纹、剥落、分层、起泡等缺陷;结构连接应该可靠,没有变形、断裂和松动等现象。

(2)机构及机构部件。

检查机构部件有没有超过允许的变形、腐蚀、磨伤和烧伤等损伤;机构部件之间连接应可靠,运动灵活,间隙合适;机构状态符合飞机的状态要求;连接件紧度合适,保险牢靠。

(3)内部有工作介质的工作系统。

检查部件和管路有没有超过允许变形、腐蚀、磨伤和烧蚀等损伤;各部件及管路的连接应可靠,间隙正常;密封性应良好。

2.检查手段

绕机检查主要是通过目视检查,最主要的手段是用眼睛看,但并不能局限于仅仅用眼睛看,在不方便直接观察的地方还可借助于反光镜看,细小的地方还可借助于放大镜看。另外有些场合还需要结合听、嗅、摸、拍、摇和测量等手段综合完成。比如,可以通过听来判断气体系统是否漏气,结合拍判断连接铆钉是否断裂;通过嗅来判别油液的种类;通过摸来判别不能直接目视检查的部位连接是否可靠,间隙是否正常,有无漏油等情况;通过拍判断铆钉、螺钉等有无断裂;通过摇判断传动部件的运动灵活性,有无传动间隙等;通过测量来准确判断各部件之间相对位置的准确性是否符合要求。

3.检查路线

绕机检查一般都希望在最短的时间内保质保量地完成所有的检查项目,因此如果能把所有的检查点按照一定的规则串接起来,使机务人员绕飞机走一圈就能完成所有的检查点,这样即可保证较高的工作效率。绕机检查的检查路线规定就是体现这一目标而设定的线路要求。

检查的飞机不同,检查点的位置不同,检查路线就不一样,因此检查路线是随飞机的构型不同而不同的,同时,各家单位还可以根据自己的工作习惯自行调整,只要形成规范,满足不漏检,绕行距离短的原则即可。如 A320 飞机典型的绕机检查路线如图 3-1 所示。

3.1.2 典型民机的绕机检查项目和标准

在民航维修领域,绕机检查的标准经常表述为完好(无外来物损伤、划伤、凹陷、变形,无雷击痕迹,无漆层剥落,螺钉、铆钉在位,无松动、脱落,封圈封条无脱出,部件表面无损伤和裂纹等);清洁(无血迹、油污或其他污垢,无外来物附着);无损(无外物损伤,无划伤、凹陷,无腐蚀)。以 A320 飞机为例,绕机路线如图 3-1 所示,各个位置检查点内容和要求如下:

(1)左前机身(LHFWD)。

迎角(AOA)探头:良好;　　　　　副驾驶、机长静压管口:清洁;

电子设备通气进口活门:良好;　　　氧气舱:关闭;

机组氧气外释放指示:绿色;　　　　厕所勤务门(如安装):关闭。

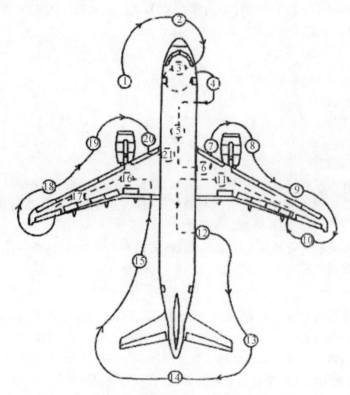

图 3-1　A320 飞机典型绕机检查路线示意图

(2)机头部分。

空速管探头:良好;　　　　　　　　备用静压管口:清洁;

总温探头(TAT):良好;　　　　　　雷达罩和锁扣:状态良好/锁上;

前电子设备舱:关闭;　　　　　　　　地面电源门(如果不需要):关闭。

(3)前起落架(NLG)/轮舱。

前轮挡:放好;　　　　　　　　机轮和轮胎:良好状态;

前起落架结构:良好状态;　　　　滑行灯、起飞灯和转弯灯:良好状态;

液压管路和电源线束:良好状态;　　轮舱:检查。

安全销:检查

(4)右前机身。

右和后电子舱门:关闭;　　　　　　电子设备通气进口活门:良好状态;

副驾驶-机长静压管口:清洁;　　　　迎角(AOA)探头:良好状态;

前货舱门和选择器盖板:检查。

(5)下部中间机身。

前部饮用水排放面板接近门:关闭;　　天线:状态良好;

排放口:状态良好;　　　　　　　　冲压空气进口调节片:状态良好;

高压、低压空气地面接头接近门:关闭;　防撞灯:检查;

中央油箱磁油量指示器:齐平;　　　　空调组件空气进口和出口:清洁。

(6)中央翼右侧区域(下部机翼机身整流罩右侧区域)。

黄液压系统舱门:关闭;　　　　　　燃油控制面板接近门:关闭;

右机翼内侧油箱 1 和 2 号磁性指示器:平齐;　着陆灯:状态良好;

机翼内侧油箱放油活门:无渗漏;　　1 号缝翼:状态良好。

(7)2 号发动机左侧。

发动机滑油箱接近口盖:关闭;　　　　主磁堵接近口盖:关闭;

风扇整流罩门:关闭/锁好;　　　　　排放口:状态良好/无渗漏;

发动机进气道和风扇叶片:检查。

(8)2 号发动机右侧。

通风进气口:清洁;　　　　　　　　压力释放/启动活门手柄接近门:关闭;

涡轮排气:清洁;　　　　　　　　发动机吊架接近口盖:关闭。

(9)右机翼前缘。

2、3、4 和 5 号缝翼:状态良好;　　　加油接近口盖:关闭;

大翼内侧、外侧油箱磁油量指示器:无渗漏;　通气油箱空气进口:清洁;

燃油箱过压释放指示盘:在位;　　　导航灯:无损坏;

翼尖:状态良好;　　　　　　　　燃油箱放水活门:无渗漏。

(10)右机翼后缘。

静电放电刷:无断裂/数量正确;　　　舵面:状态良好;

襟翼和整流罩:状态良好。

(11)右起落架/轮舱。

轮档:视情;　　　　　　　　　　机轮和轮胎:状态良好;

刹车和刹车磨损指示销:状态良好;　　扭矩连杆阻尼器:状态良好;

液压管路:检查;　　　　　　　　起落架结构:检查;

下锁弹簧:检查;　　　　　　　　安全销:视情。

(12)右后部机身。

黄系统地面勤务面板接近口盖:关闭; 　　　排水口:状态良好;

供油管路保护罩燃油排放口:状态良好/无渗漏;

货舱门和选择活门:检查; 　　　散货舱门(选装):检查;

厕所勤务面板接近口盖:关闭; 　　　外溢流活门:状态良好;

旅客氧气释放指示器:绿色; 　　　排放口:状态良好;

飞行记录器接近门:关闭。

(13)尾翼。

安定面、升降舵、尾翼和方向舵:状态良好;

静电放电刷:无断裂/数量正确; 　　　后部机身下部:状态良好/无擦地。

(14)辅助动力单元(APU)。

APU 舱接近门:关闭; 　　　空气进口:状态良好;

排放口:状态良好/无渗漏; 　　　滑油冷却器空气出口:清洁;

排气口:清洁; 　　　航行灯:状态良好;

APU 灭火瓶过压释放指示盘(红色):在位。

(15)左后部机身。

安定面、升降舵、尾翼和方向舵:状态良好; 　　　饮用水勤务门:关闭;

蓝、绿系统地面液压源接头接近口盖:关闭;

液压系统油箱加油面板接近口盖:关闭。

(16)左起落架/轮舱。

轮档:视情; 　　　机轮和轮胎:状态良好;

刹车和刹车磨损指示销:状态良好; 　　　扭矩连杆阻尼器:状态良好;

液压管路:检查; 　　　起落架结构:检查;

下锁弹簧:检查; 　　　安全销:视情。

(17)左翼后缘。

静电放电刷:无断裂/数量正确; 　　　舵面:状态良好;

襟翼和整流罩:状态良好。

(18)左翼前缘。

燃油箱放水活门:无渗漏; 　　　2、3、4 和 5 号缝翼:状态良好;

大翼内侧、外侧油箱磁油量指示器:无渗漏; 　　　通气油箱空气进口:清洁;

加油接近口盖:关闭; 　　　燃油箱过压释放指示盘:在位;

导航灯:无损坏; 　　　翼尖:状态良好。

(19)1 号发动机左侧。

通风进气口:清洁; 　　　压力释放/启动活门手柄接近门:关闭;

涡轮排气:清洁; 　　　发动机吊架接近口盖:关闭。

(20)1 号发动机右侧。

通风进气口:清洁; 　　　压力释放/启动活门手柄接近门:关闭;

涡轮排气:清洁; 　　　发动机吊架接近口盖:关闭。

(21)左大翼和机身中机翼。

缝翼:状态良好; 机翼前缘通风进气口:清洁;

燃油箱放水活门:无渗漏; 磁油量指示器:平齐/无渗漏;

着陆灯:状态良好; 液压油箱增压控制面板接近口盖:关闭;

冲压空气涡轮(RAT)舱门:关闭。

3.1.3 典型军机绕机检查

以某型飞机的飞行后检查为例,说明军机绕机检查路线和检查点。关于各个检查点的检查项目和要求,请参阅相关机型维护规程。

1.检查前的准备

(1)按照上飞机工作的有关规定,采取安全措施。

(2)准备好所需的工具、器材等,并拆下(或打开)有关窗(舱)盖。

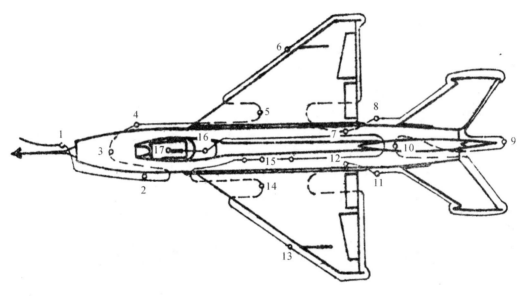

图 3-2 某型飞机绕机检查线路

2.检查路线(见图 3-2)

各个检查点如下:

(1)进气道;

(2)机身前段左侧;

(3)前起落架和起落架舱;

(4)机身前段右侧;

(5)右主起落架和起落架舱;

(6)右机翼;

(7)机身右侧发动机舱;

(8)机身后段右侧;

(9)垂直尾翼和上减速伞舱;

（10）加力燃烧室；

（11）机身后段左侧；

（12）机身左侧发动机舱；

（13）左机翼；

（14）主起落架和起落架舱；

（15）机身上部；

（16）座舱盖；

（17）座舱。

3.2 飞机加油

3.2.1 飞机加油的原则要求

对于飞机加油的一般要求主要有以下几方面：人员、设备、安全和程序要求。

1. 人员要求

应有上岗资格，熟悉相应的程序和应急处理方法。

2. 设备要求

（1）加油车维修记录完善，标志清楚，并应有"严禁烟火"标示牌，配有符合要求的灭火瓶，车上不得放置火柴或打火机。

（2）加油车上的电气设备符合防爆要求。

（3）加油车的供油压力和流量符合所加油的飞机要求。

3. 安全要求

（1）加油位置要求。一般要求必须在开敞环境下进行，所以加油一般只在停机坪完成，特殊情况需要在机库进行时，必须敞开所有的机库门。

（2）车辆位置要求。车辆的停放应以方便加油、保证安全同时又能在出现危险时快速撤离为原则。要求加油车不应停放在航空器翼尖或油箱通气孔 3 m 以内和辅助动力装置排气管废气经过区域或其他危险地点。典型的车辆停放安全区域如图 3-3 所示。

（3）区域安全要求。主要在人员控制、火源控制和限制飞机变形等方面，具体有以下限制：

1）无关人员进入；

2）吸烟；

3）使用明火；

4）进行可能产生火花或需要使用电的工作；

5）工作人员穿镶嵌金属钉或带铁尖头的鞋；

6）穿着带静电的工作服和随身携带打火机或火柴；

7）地面上滑动或拖拉金属物体；

8）戴助听器或其他使用电池的仪器；

9）使用可能产生电火花的电测设备；

10）避开雷达波束的发射方向，或者距离足够远（90 m）；

11）机身和机翼下部区域有影响航空器下沉的物体；

12）配置至少两个 60 kg 的灭火设备，分置于飞机两侧 15 m 内。

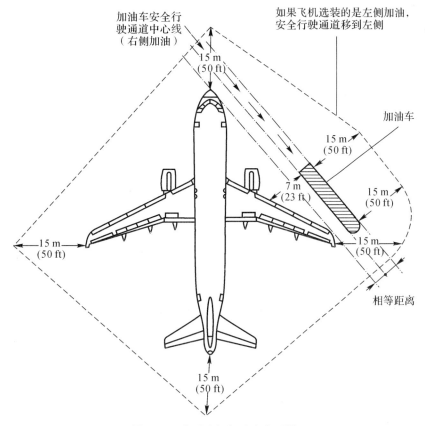

图 3 - 3　典型飞机加油安全区域

3.2.2　加油过程的控制要求

1. 飞机准备

在进行加油工作前应确认飞机及相关系统的状态符合要求，具体如下：

（1）飞机接地；

（2）确认燃油系统的完整性；

（3）通过停留刹车或轮挡，确保飞机位置不会移动；

（4）确保油箱通气孔畅通；

（5）接通飞机电路。

2. 实施过程控制

（1）用无金属丝且不起静电的洁净抹布清洁加油口和加油枪；

（2）导静电连接：用导静电搭接线搭接加油设备、加油枪和航空器；

（3）测试加油控制面板的状态，确认其正常可用；

（4）起动油泵，观察油箱油量指示信号；

(5)加油量符合要求后,关闭油泵。

3.恢复

(1)拆除油泵连接管路;

(2)清洁现场;

(3)移走加油车。

3.2.3　典型民机的加油程序

A320飞机手动控制压力加油程序如下。

手动控制压力加油(任务 12-11-28-650-004-A)

警告:遵守燃油安全预防措施。

警告:当气象雷达操作时,要使燃油箱距雷达工作的飞机机头 60 m 以外。

只有停止对气象雷达的操作后才能操作燃油油箱/泵组件。

警告:开始加油/除油程序之前,确保飞机周围区域安全。由于飞机燃油易燃,在安全区域内,不要吸烟;不做任何可能产生火星的工作;不使用任何未经批准的设备用于加油/除油程序,以免造成危险。

警告:不要让燃油溢到发动机或刹车上。如果燃油溢到热着的发动机或刹车上,会造成火灾。

1.工作目的

自定义。

注:虽然可以按需混合认可的燃油类型,但建议保持使用一种类型的燃油。关于认可燃油的完整清单,参见飞行手册第 2 节。

2.工作准备信息

A.固定设备、工具、试验和支持设备。

参　考	数　　量	名　　称
无规定	按要求	可调工作平台 5 m
无规定	按要求	安全护栏

B.参考信息。

参　考	名　　称
12-11-28-650-001-A	一般加油/放油安全措施
12-11-28-650-002-A	机库内加油/排油安全程序
12-11-28-650-007-A	使用磁油位指示器(MLI)
12-34-24-869-001-A	用于加油/放油操作中的飞机接地
加油安全区域,如图 3-4 所示	
加油/排油接头,如图 3-5 所示	
24-41-00-861-002-A	通过地面电源接通飞机电路

续表

参 考	名 称
24 - 41 - 00 - 861 - 002 - A - 01	从 APU 供电飞机电路
24 - 41 - 00 - 861 - 002 - A - 02	由发动机 1(2)向飞机电路供电
28 - 25 - 00 - 650 - 001 - A	压力放油
28 - 25 - 00 - 869 - 001 - A	燃油传输
31 - 60 - 00 - 860 - 001 - A	电子仪表系统(EIS)启动程序
31 - 60 - 00 - 860 - 002 - A	电子仪表系统(EIS)停止程序

3.工作准备

加油安全区域,参考图如图 3 - 4 所示。

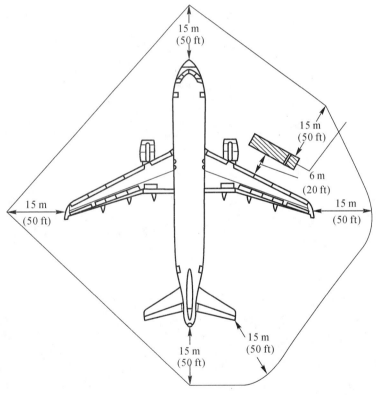

图 3 - 4　A320 飞机加油安全区域示意图

加油/排油接头,参考图如 3 - 5 所示。

加油和放油控制面板 800VU 中的操作预选器 5QT 和指示器 6QT,如图 3 - 6 所示。

子任务 12 - 11 - 28 - 941 - 052 - A

A.安全预防措施。

(1)必须遵守注油/排油安全程序(参见 AMM 任务12 - 11 - 28 - 650 - 001、AMM 任务 12

－11－28－650－002）。

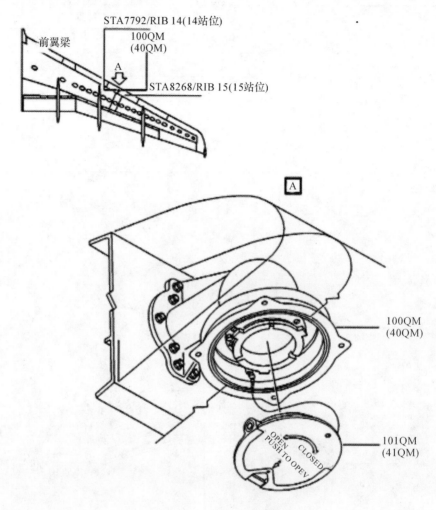

图 3－5　A320飞机加油/排油接头

（2）将 5 m 可调节工作平台安放在加油接头（40QM）附近。

（3）确保轮挡不接触轮胎,燃油重量会使得飞机下降并触及轮挡。

（4）将安全护栏放在适当位置。

子任务 12－11－28－281－052－A

B.排出燃油中的水。

排除燃油中的水分,确保燃油油箱/泵组件内的燃油采样中没有水分。

子任务 12－11－28－860－053－A

C.飞机维护构型。

警告:给飞机加油/抽油之前,确保供油软管正确连接于接头。如果飞机接头凸耳或槽有损伤痕迹,则不要连接供油软管。

（1）拆卸加油接头盖（41QM）。

（2）确保飞机和燃油油箱/泵组件可靠接地（参见 AMM 任务 12－34－24－869－001）。

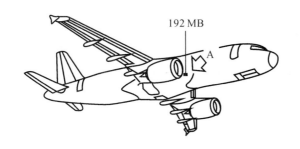

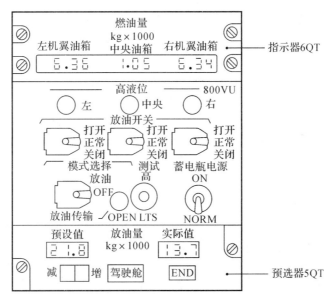

图 3 - 6　加油和放油控制面板 800VU 中的操作预选器 5QT 和指示器 6QT

（3）确认供油软管接头干净，然后将其连接到飞机加油接头。

（4）给飞机电路供电（参考 AMM 任务 24 - 41 - 00 - 861 - 002）。

（5）执行电子仪表系统（EIS）起动程序（飞机电子集中监控-仅 ECAM）（参见 AMM 任务 31 - 60 - 00 - 860 - 001）。

（6）在面板 11VU 上，按压 FUEL 按钮电门。

子任务 12 - 11 - 28 - 010 - 053 - A

D. 接近。

打开检查口盖 192MB。

注：如用机上蓄电瓶电源操作应注意下列事项。

将模式选择（MODE SELECT）电门置于 OFF 位和防护位置；

该电门打开的时间不要超过过长，以免影响蓄电瓶电量。

子任务 12 - 11 - 28 - 860 - 057 - A

E. 飞机维护构型。

如果没有地面电源：

警告：当用机上蓄电瓶电源为飞机加油时，不要将油加到满位。内部油箱转换活门不一定状态正确，可能会造成危险。

在加油/抽油控制面板上（800VU），按压 BATT POWER 电门到 ON 位置再释放。

注：接通 HOT BUSS 701PP 仅 10 分钟（用于防止飞机电瓶放电），除非将 MODE SELECT 电门（在加油/抽油面板上）置于 REFUEL 位。

子任务 12-11-28-740-051-A

F.测试加油面板 800VU，具体操作和结果应该如表 3-1 所示。

表 3-1　加油面板 800VU 测试操作和结果

操　作	结　果
将 TEST 电门置于 LTS 位置并固定于此位置	高（HI）油位（LVL）灯和 DEFUEL/XFR OPEN 灯亮且 CKPT 和 END 灯亮；FUEL QTY、PRESELECTED 和 ACTUAL 显示器都显示字符"8"。
松开 TEST 电门	灯回到其初始情况 FUEL QTY、PRESELECTED 和 ACTUAL 显示器返回各自初始状态
将 TEST 电门放到 HIGH 位置并保持	HI LVL 灯改变其状态。如已接通，则会熄灭。 如果它们曾经熄灭，则它们将点亮
松开 TEST 电门	HI LVL 灯回到初始状态。

警告：因为高液位传感器的损坏会造成燃油溢出机外，所以要确保在加油程序之前或油箱油量达到 70% 之前完成加油面板测试。

4.程序

加油安全区域，参考图如图 3-4 所示。

加油/排油接头，参考图如图 3-5 所示。

加油和放油控制面板 800VU 中的操作预选器 5QT 和指示器 6QT，如图 3-6 所示。

子任务 12-11-28-650-054-B

A.手动控制压力加油。

注：建议所有燃油泵转换为切断状态以执行该程序操作，以便于减少燃油可能溢出的危险。但可适用机翼油箱内至少有 750kg 的燃油时，允许机翼油箱泵转换为接通状态。

注：必要时，排油（参见 AMM 任务 28-25-00-650-001）或输油（参见 AMM 任务 28-25-00-869-001）。

（1）为了防止燃油溢出，在面板 40VU 上，确保：

1）X 供油按钮（X FEED P/BSW）（4QE）处于释放位置（OFF）；

2）模式选择按钮开关（MODE SEL P/BSW）（48QA）处于自动位置（AUTO）；

3）中央油箱油泵 1/2 按钮开关（CTR TK PUMP 1&2 P/BSW）处于释放位置（OFF）。

（2）在加油/排油控制面板 800VU 上：

1）放置方式选择开关到加油（REFUEL）位置。

2）把相应的油箱加油活门(REFUEL VALVES)电门放到全开启位置。

3）将不需要加油的油箱加油活门(REFUEL VALVES)电门放在关闭(SHUT)位置。

(3)启动加油车上的油泵。

告诫:加油压力不允许超过最大安全压力 0.345 MPa。

(4)在加油/排油控制面板 800VU 上:

1）确保实际(ACTUAL)和燃油量(FUEL QTY)显示器的数字增加。

2）监控燃油量(FUEL QTY)显示。

注:参见每个燃油箱最大流量燃油表和有关合计燃料贮存量(参见 AMM 任务 12 - 11 - 28 - 650 - 007)。

注:为避免结构损坏可能性,确保外部机翼燃油箱已灌满。

3）当每个油箱达到正确的油量后,将各自的加油活门(REFUEL VALVES)电门置于关闭(SHUT)位置。

(5)当油量正确后,关闭油车的泵。

(6)在加油/排油控制面板 800VU 上:

1）将模式选择(MODE SELECT)电门置于 OFF 位,并将防护盖合在电门上。

2）将相应的加油活门(REFUEL VALVES)电门置于正常(NORM)位并将防护罩合于该电门上。

(7)如果有地面电源,确保下部显示组件的飞机电子集中控制显示正确的燃油量。

5.结束工作

子任务 12 - 11 - 28 - 860 - 058 - A

A.飞机构型。

(1)在飞机技术记录本上记录下一个航班前的燃油状况。

(2)进行飞机电子仪表系统(EIS)停止程序(参见 AMM 任务 31 - 60 - 00 - 860 - 002)。

(3)从飞机加油/排油接头上脱开供油软管接头。

(4)安装接头堵盖。

告诫:当堵盖关闭和锁上时,确保加油接头堵盖手柄向后。

(5)安装加油接头堵盖(41QM)。

子任务 12 - 11 - 28 - 410 - 052 - A

B.关闭接近区域。

(1)确保工作区无障碍,没有工具及其他项目。

(2)关闭口盖 192MB。

子任务 12 - 11 - 28 - 942 - 053 - A

C.设备的拆卸。

(1)断开这些搭接/接地电缆:

1）在飞机和燃油箱/泵组件之间;

2）燃油油箱/泵组件和地面之间;

3）飞机和地面之间。

(2)撤除安全护栏。

(3)取下警告牌。

（4）移走地面辅助和维护设备，特殊和标准工具和其他各项装置和工具。

3.3 飞机气体系统的介质填充

3.3.1 飞机充气的原则要求

飞机气体系统因为气体流通阻力较小，所以气路管径通常较小，容易因为异物或水分结冰而造成堵塞；同时气体温度变化会引起较大的体积变化，在密闭空间中则导致压力较大幅度的波动。为了保证气体系统的充气压力符合要求，充气操作有以下三方面原则要求：一是不把脏污或水分加到系统中；二是充气压力符合要求；三是充气过程中不能损伤人和机件。

在具体实施过程中，应该注意：

（1）不使水分和脏物进入系统。

1）充气管路和接头的清洁：以干净抹布清洁接头，用气体吹出管内脏物。

2）充气前放出冷气瓶中的水分。

3）充气时气瓶温度应与外界相近，以免冷气中可能含有的水蒸气冷凝。

（2）灌充的气压应符合规定的数据。

1）选择的压力表应符合要求：压力表接头应与飞机上接头规格匹配；压力表应在校验有效期内；压力表量程选择应该合理，即测量压力应为$1/2\sim2/3$量程；压力表指针零位应准确。

2）充气时气瓶温度应与外界相近，以免气体冷却导致气体压力低于要求值。

3）以压力表测试充气压力，保证充气压力符合技术资料的要求。

4）充气过程中，对充气速度进行控制，尤其是接近规定压力时，应关小充气阀门，以免过充。

5）充气完成后应进行密封性检查，重点检查充气嘴、充气接头等处，保证充气压力能在规定时段内满足要求。

（3）灌充过程中严防伤人和损坏机件。

1）吹出管内脏物时管口方向不能朝向人或设备。

2）顺序控制：充气时，先接好管接头，再打开充气开关；充气完毕，先关充气开关，再拆接头。

3）拆除充气导管时，先拧松泄压，再彻底拆除。

3.3.2 典型军机气体系统的填充

某型飞机冷气系统灌充冷气程序如下：

（1）连接好充气导管，检查充气导管接头内的密封垫是否完好。将充气导管接在冷气瓶上，随后，柔和地打开气瓶开关，吹除导管内的脏物。然后将导管另一头与飞机右轮舱内的充气接头连接好。

（2）判明飞机座舱内的应急放起落架开关是否处在关闭位置且保险良好。

（3）充气，先打开位于飞机右轮舱内主充气开关和应急充气开关，再柔和打开地面冷气瓶开关，冷气即可充入系统。待飞机座舱右操纵台上的双指针压力表指示主冷气系统压力和应急冷气系统压力达到$110\sim130 \ kgf/cm^2$时，关闭机上的主充气开关、应急充气开关以及地面冷气瓶开关。

（4）拆下充气导管。先拧松充气导管与地面冷气瓶连接的接头，放净充气导管内的余气，再拆开与飞机的连接头，以防飞机充气接头上的密封垫冲脱和导管弹跳而伤人。

3.3.3　典型民机气体系统的填充

A320 飞机氧气补给的工作程序如下：

氧气补给-勤务（任务 12 - 14 - 35 - 600 - 001 - A）

警告：为避免氧气接触碳氢化合物时发生爆炸，应使所有碳氢化合物（燃油、润滑剂等等）远离所有的氧气源。

警告：当实施该程序时，服从这些特别的安全警告。

1）飞机 5 m 范围内，禁止其他所有维护工作。

2）停止燃油和液压系统上的所有加油操作；停止所有修理和使用诸如清洁和除冰材料等易燃材料的所有程序。

3）将警告牌置于驾驶舱、工作区和客舱内，以告知在氧气充加程序期间不要操作电门，提示机内所有人氧气充加程序正在进行中。

4）雷暴天气应立即停止所有氧气充加操作。

1. 工作目的

自定义。

2. 工作准备信息

A. 固定设备、工具、试验和支持设备。

参　考	数　量	名　称
无规定	按要求	2 m 工作平台
无规定	按要求	跳开关保险夹
无规定	按要求	温度计
无规定	按要求	警告牌

B. 工作区域和维护盖板。

区域/接近	各段说明
812	

C. 参考信息。

参考	名称
12 - 34 - 24 - 869 - 001 - B	加油/排油和氧气勤务操作时的飞机接地程序
35 - 00 - 00 - 860 - 001 - A	氧气系统维护时的特别防范程序

氧气系统的位置，如图 3 - 7 所示

续表

参考	名称
加注压力,如图 3-8 所示	
氧气加注口的位置,如图 3-9 所示	

3.工作准备

A.接近。

(1)将 2 m 工作平台就位在检查口盖 812 处。

(2)打开检查口盖 812。

B.安全预防措施。

氧气系统的位置,参考图 3-7。

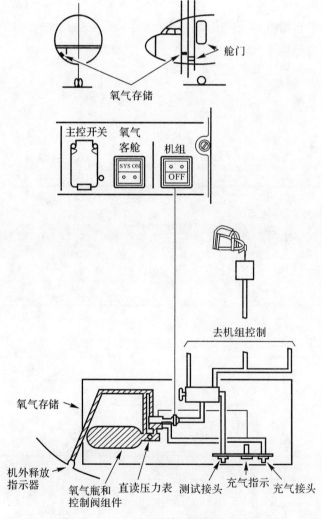

图 3-7 A320 飞机氧气系统位置示意图

(1)确认机外释放指示器指示绿色。

(2)将警告牌就位在工作区内以告诫人员氧气充气操作危险。

(3)确保注明作动筒测试日期且作动筒在规定时限内。

C.断开这些跳开关、打保险和挂标签：

面　　板	名　　称	功能项目号	位　　置
49VU	OXYGEN/CREW/OXY/SPLY	1HT	HA01

D.飞机维护构型。

氧气系统加注压力,如图 3-8 所示。

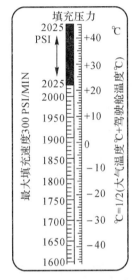

图 3-8　A320 飞机氧气系统加注压力

(1)在氧气系统位置工作时请特别注意(参见 AMM 任务 35-00-00-860-001)。

(2)确保氧气管路端部接头和电缆插头等连接都处于正确状态。

(3)飞机氧气地面加注设备电气接地。

(4)在飞机和氧气系统加注组件之间连接静电搭接线(参见 AMM 任务 12-34-24-869-001)。

4.程序

氧气加注口的位置参考图 3-9。

A.氧气勤务-补给。

(1)从氧气灌充接头(5769HM)上卸下堵头。

(2)将灌充组件连接到氧气灌充接头(5769HM)。

(3)用温度计测量外界大气温度(OAT)和驾驶舱温度。

(4)检测氧气压力。

(5)缓慢地向系统充压,确保飞机氧气瓶压力表上的加注压力正确。

B. 测试。

(1)拆下保险丝和标签,并闭合跳开关1HT。

(2)按压驾驶舱内面板21VU上的 OXYGEN/CREW/SUPPLY 按钮电门。在这个按钮电门上,OFF 灯应该熄灭。

(3)确保加注指示器(5HT)上显示的压力与飞机氧气瓶压力表指示值相同。

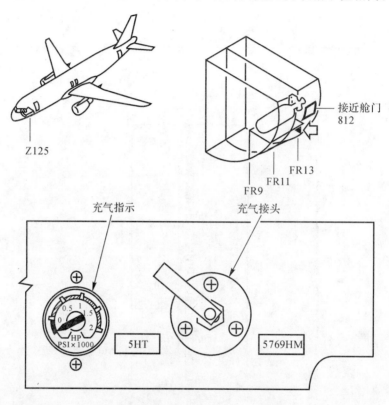

图 3-9　A320 飞机氧气加注口位置图

5. 结束工作

A. 将飞机恢复到其初始构形。

(1)释放驾驶舱内面板21VU上的 OXYGEN/CREW/SUPPLY 按钮电门,该按钮电门上的 OFF 图例灯点亮。

(2)拆开加注系统,在充气接头上安装堵头。

(3)拆开飞机电气接地。

(4)取下警告牌。

(5)确保工作区无障碍,没有工具和其他设备。

B. 关闭接近区域。

(1)关闭 812 口盖。

(2)移除工作平台。

3.4　飞机顶升

3.4.1　飞机顶升的原则要求

1.人员资质要求

顶升人员具有上岗资证;指挥员应持有维修执照并获得相应机型签署。

2.顶升设备要求

满足该机型的顶升重量和高度要求;顶升设备上的计量器具符合规定;使用前应进行伸缩实验并确保能正常工作。

3.顶升过程控制要求

1)统一指挥、明确分工、设施完好、有效联络;

2)顶升位置、顺序、高度限制、航空器质量和重心符合要求;

3)地面承重能力符合要求;

4)不同时使用机轮和机翼千斤顶,不用两个轮轴千斤顶顶升两个起落架;

5)飞机应迎风停放,顶升时的风速符合规定;

6)顶升和放下过程中,保持航空器处于水平状态。

4.安全措施

1)起落架地面安全销在位;

2)有关的手柄、电门、跳开关和控制器在正确的位置;

3)千斤顶放入的时机、方向正确,升高顶头进顶窝;

4)顶升或放下时,无关人员和设备应撤离;

5)松开刹车,取出轮挡;

6)确保千斤顶处于垂直状态,防止侧向载荷;

7)顶升和放下过程中,保险螺帽随同调整。

3.4.2　典型军机的顶升

1.准备工作

(1)检查所用千斤顶是否良好,特别是支架焊缝处是否有裂纹,顶杆上下运动是否灵活。

(2)移走妨碍飞机顶起与放下物件,特别要注意尾部托架、梯架。

2.顶起飞机的步骤与方法

(1)对正:升起三个千斤顶杆,使它们分别与飞机上的千斤顶座对正并接触。

(2)顶起:先用前千斤顶把机头顶起到前轮接近离地位置,然后,再用左、右主千斤顶将飞机顶到需要的高度,并注意两边协调一致。

(3)把左、右液压千斤顶的大、小保险卡箍拧紧,以防油路开关不密封时飞机下沉而发生危险。

为了便于在使用过程中判明油路开关等是否密封,可以把大、小保险卡箍固定在离壳体1～2 mm 的位置上;也可以把保险卡箍固定在紧靠壳体的位置,然后摇动手摇泵,使顶杆再升高 1~2 mm。

3.注意事项

(1)如果飞机有尾托架支撑,在顶千斤顶前,一定要将尾托架移走。

(2)放置千斤顶的地面应平整、无冰雪;顶起飞机过程中,注意观察千斤顶是否滑动,有无倾斜。

(3)如果单独使用前千斤顶顶起机头时,应在两主轮后面挡好轮挡,防止飞机滑动。

3.4.3 典型民机的顶升

A320 飞机顶升工作单如下。

维护飞机时顶起飞机(任务 07-11-00-582-002-A)

警告:用千斤顶顶起飞机之前,确保燃油重量被平分在飞机中心线的两侧。

警告:在将飞机放到千斤顶前及千斤顶支撑到飞机上后,应始终确保飞机稳定。

告诫:不得用安全支柱顶起飞机。

告诫:当飞机在机轮上时不要使用尾部安全支柱。

告诫:顶起或放下飞机前,确保飞机上升和下降空间附近没有设备。确保没有执行其他可能相互影响的工作。

告诫:为避免起落架放下和收上系统测试过程中可能的飞机移动引起机身损伤,做该测试之前应拆下安全支柱。

1.工作目的

自定义。

2.工作准备信息

A.固定设备、工具、试验和支持设备。

参　考	数　量	名　称
无规定	按要求	3M 可调工作平台
无规定	按要求	4M 可调工作平台
无规定	按要求	轮挡
无规定	按要求	安全支柱千斤顶
无规定	按要求	安全护栏
无规定	按要求	警告牌
(98D07103000000)	1	动力计安全销
(98D07103500000)	1	千斤顶转接头
(98D07104000000)	1	顶升垫装置

B.工作区域和维护盖板。

区域/接近	各段说明
311AL	

C. 参考信息。

参　考	名　称
05 - 57 - 00 - 200 - 001 - A	飞机稳定性检查
08 - 21 - 00 - 200 - 001 - A - 01	在前货舱内用一个水平仪的快速水准测量
08 - 21 - 00 - 200 - 001 - A - 02	用空气数据/惯性参考单元(ADIRU)的快速水平测量程序
08 - 21 - 00 - 200 - 001 - A - 03	在客舱内用一个水平仪的快速水平测量
32 - 00 - 00 - 481 - 001 - A	安装起落架安全装置
32 - 00 - 00 - 860 - 001 - A	通电状态下的飞机构型
32 - 00 - 00 - 860 - 001 - A - 01	断电状态下的飞机构型

顶升垫安装位置,如图 3 - 10 所示

3. 工作准备

A. 安全预防措施。

(1)将安全护栏放在适当位置。

(2)将警告牌就位在驾驶舱内。

B. 安全装置预防措施。

(1)确保将安全装置安装到起落架上(参见 AMM 任务 32 - 00 - 00 - 481 - 001)。

(2)在主起落架机轮上,安装止转块。

C. 飞机构型。

(1)确保飞机稳定性符合要求(参见 AMM 任务 05 - 57 - 00 - 200 - 001)。

(2)进行飞机构型准备(参见 AMM 任务 32 - 00 - 00 - 860 - 001)。

D. 警告。

为防止任何飞机控制装置的运行,应进行以下操作:

(1)在面板 50VU 上:松开 HYD/LEAK MEASUREMENT VALVES Y/B/G 按钮电门(在按钮电门上 OFF 图例灯亮起)。

(2)在面板 40VU 上:松开 HYD/BLUE/ELEC PUMP 按钮电门 2704GJ(在按钮电门,OFF 图例灯亮)。

E. 接近。

(1)将 3M 可调节工作平台放在两侧机翼的第 9 翼肋下方;将 4M 可调节工作平台放在第 73 和 74 站位(FR73 和 FR74)之间的下方。

(2)打开 311AL 检查口盖。

F. 安装特殊工具。

(1)在机翼上,拆下堵片以安装销钉 3。

(2)将顶升垫装置(98D07104000000)2 安装在第 9 翼肋位置,如图 3 - 10 所示。

(3)将千斤顶转接头(98D07103500000)(1)安装到机头第 8 站位(FR8)。

(4)将动力计安全销(98D07103000000)安装到撑杆上。

(5)将千斤顶放置到位(参见 AMM 任务 07 - 11 - 00 - 582 - 002)。

G. 移除轮挡。

H. 飞机维护构型。

在面板 110VU 上,将停留刹车控制(PARKING BRK)电门放置到 OFF 位。

J. 移除地面支援设备。

(1)确保乘客/机组人员舱门、应急出口和货舱门关闭并锁上。

(2)移除工作平台。

(3)移走地面辅助和维护设备,特殊和标准工具和其他各项。

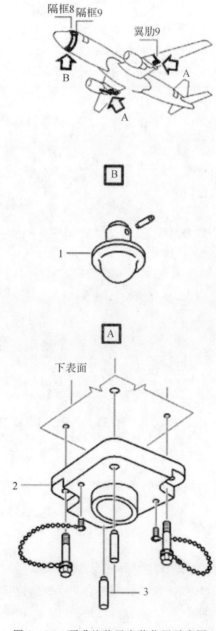

图 3-10 顶升垫装置安装位置示意图

4．程序

A．顶升准备。

确保通过下列设备之一进行飞机水平测量：

(1)姿态监控器(参见 AMM 任务 08 - 21 - 00 - 200 - 001)；

(2)前货舱内的气泡式水平仪(参见 AMM 任务 08 - 21 - 00 - 200 - 001)；

(3)客舱内的气泡式水平仪(参见 AMM 任务 08 - 21 - 00 - 200 - 001)；

(4)大气数据/惯性基准系统(ADIRU)(参见 AMM 任务 08 - 21 - 00 - 200 - 001)。

B．顶起。

(1)缓慢操作机头和两机翼处的千斤顶控制器,将飞机以水平姿态顶起。

注：在所有顶起程序中,需监视飞机的水平姿态。

(2)继续顶起飞机,直到机轮和地面之间的间隙为 120 mm,以便进行起落架伸出和收起测试。

(3)顶起飞机时,保持液压千斤顶的安全锁定螺帽与千斤顶护环相接触。

(4)设定安全杆千斤顶并将其放置在机头 73 和 74 站位(FR73 和 FR74)之间,操作安全杆直到接触到承力点。

3.5　飞机牵引

3.5.1　飞机牵引的原则要求

1．人员资质要求

(1)牵引车驾驶员。牵引车驾驶员应具备驾驶证和牵引上岗证；熟知牵引航空器程序和技术要求(转弯角度、速度等)；熟知车内联络设备的使用和机场各种标志。

(2)指挥员、机上人员和监护人员。指挥员、机上人员和监护人员应具有维修人员上岗资格,机上人员应熟悉所牵引航空器设备的使用。

2．牵引设备要求

(1)牵引车状态良好,刹车可靠；

(2)配置处于使用状态的对讲机和其他联络设备；

(3)具有机场车辆通行证；

(4)牵引车和牵引杆符合所牵引的航空器要求；

(5)牵引设备应定期检修和保养,保存维修记录。

3．人员分工与职责

(1)指挥员。

1)跟随牵引车,指挥牵引车运动和机上人员刹车；

2)分别与机上人员和牵引车驾驶员保持联络；

3)牵引过程中,随时观察周围情况,通知牵引车和机上人员。

(2)机上人员。熟悉航空器设备的使用,与指挥员保持联络,按照口令使用刹车。

(3)牵引车驾驶员。按照规定路线及地面标识牵引航空器,根据口令进行牵引。

4.准备工作

(1)维修人员工作。

1)检查并确保航空器两侧对应油箱的油量平衡;

2)检查并确保航空器刹车压力在正常范围内;

3)检查并确保机轮压力和减震支柱压缩量正常;

4)安装起落架地面安全销,并根据要求安装前起落架转弯销,或脱开防扭臂;

5)关好登机门、货舱门和各种检查门;

6)检查并确保航空器上的设备和物品位置固定;

7)打开航空器驾驶舱侧窗,接通内话系统和对讲系统,并确保相关人员的联络畅通;

8)检查并确保适用于该机型的牵引杆部件正常,连接正确;

9)检查并确保航空器周围无影响牵引的障碍物;

10)大风天气下,确认风速符合维修手册的规定;

11)接通航空器电源和液压源;

12)接通航行灯和防撞灯,并确认其正常工作。

(2)牵引车驾驶员。

1)检查牵引车,确保符合要求;

2)了解牵引路线、停机位、牵引的特殊要求和注意事项;

3)接近航空器20 m前,试刹车,确认制动良好后,在指挥下低速接近航空器;

4)挂牵引杆时应确认航空器周围无障碍物。

(3)联络。

1)维修人员与牵引车驾驶员应使用对讲机或其他方式联络;

2)指挥员与机上人员应使用航空器内话系统或其他方式联络;

3)牵引过程中,牵引车驾驶员或机上人员应随时与塔台保持有效联络;

4)联络中断时,应停止牵引直到联络恢复。

5.速度和转弯角度

1)机坪滑行道直线运动速度不超过 10 km/h,开阔地、无障碍物情况下,不超过 15 km/h;

2)机位滑行道直线运动速度不超过 3 km/h;

3)夜间或特殊天气,机坪滑行道直线速度不超过 5 km/h;

4)通过障碍物、复杂区域、有坡度地带的直线行驶速度不超过 1.5 km/h;

5)机坪滑行道推航空器速度不超过 5 km/h;

6)转弯角度按机型要求,转弯速度不超过 3 km/h。

6.牵引过程

1)先连接牵引杆和航空器,再连接牵引车。

2)指挥员带好耳机,确认牵引车与航空器连接好后,撤出轮挡,并发出松开刹车的指令。

3)指挥员发出开始牵引航空器的指令。

4)开始牵引时,机轮转动前不应转弯;停止牵引时,按规定速度行驶,直到机轮摆正才能终止航空器牵引。

5)机坪牵引时,应按标志线行驶,航空器与其他设备或航空器的净距(最近两点间的距离)

应最小不小于 3 m。

6)牵引车缓慢起步,运动平稳,刹车柔和,不猛转、猛停。

7)牵引过程中,不得上下人员,与牵引杆等至少保持 3 m 距离。

8)牵引车应有警示灯,夜间还应有照明灯、近光灯、示宽灯和尾灯等,航空器航行灯和防撞灯如不能打开,应有人员监护。

9)进出机库时,应有足够的人员监护,确认有足够的安全距离;确认气源、电源均已断开;确认活动平台全部收起;以 1 km/h 速度进入,进行刹车,挡好轮挡,脱开牵引杆。

3.5.2　典型军机的牵引程序

1.准备工作

1)将飞机的全、静压管固定在翘起位置,盖好进气道堵盖,取走轮挡,移开飞机进路线上的一切障碍物。

2)判明轮胎、减震支柱的气压是否正常,前起落架舱盖应当在全开位置。

3)检查冷气压力,应足够刹车使用。

4)检查和安装牵引杆。

牵引杆的杆身应无弯曲变形,焊缝应无裂纹,钢索应无断丝;检查完毕,将牵引杆的销插入前轮轴内并保险好,再将牵引杆的左、右钢索接耳分别与左、右主起落架上的牵引接耳对正,并用销子连接好,然后将牵引杆的挂环挂在牵引车的挂钩上,盖好挂钩锁盖,并插上保险销。

2.牵引飞机

1)一人进入飞机座舱负责指挥牵引,并掌握刹车;另一人乘坐牵引车,负责观察飞机牵引情况和向司机传达口令。

2)飞机牵引到停放地点后,从牵引车挂钩上取下牵引杆。

3.牵引飞机的注意事项

1)牵引前应关好座舱盖,以免在牵引过程中座舱盖晃动而产生变形和损伤。

2)牵引速度不得超过 15 km/h,并且不得猛拉、猛停和急转弯。

3)牵引过程中,如果牵引杆折断或因其他原因需要停车时,应先通知座舱人员刹车,然后再通知司机停车,万一出现脱钩情况,飞机停止以前,汽车不得停车。

4)夜间牵引飞机应有规定的联络信号,并打开飞机的航行灯。

5)牵引过程中,禁止任何人上下牵引车或飞机,以免汽车撞压人。

3.5.3　典型民机的牵引

以 A320 飞机为例,典型的牵引程序如下。

牵引(09 - 10 - 00 - 584 - 001 - A)

警告:飞机移动期间(牵引、推迟起飞或滑行)遵循这些安全预防措施。确保:

1)飞机牵引路线上没有人员、设备和其他障碍。

2)没有人走近牵引车、牵引杆、起落架、发动机短舱或在飞机机身下方。

3)只允许合格的工作人员在牵引车上,不得有人坐在或站在牵引杆上。

4)飞机完全停止前禁止靠近。

1. 工作目的

(1)后推飞机或向前牵引飞机。

(2)出于维护需要而牵引飞机。

(3)允许使用本程序在下列情况中将飞机从楼门区域离开：

1)一次向后推有一次或多次转弯或停止和启动。

2)一次向前拖曳没有转弯或多次停止/启动。

注：不允许牵引一架载有旅客/燃油和货物的飞机从候机楼门或停放区到较远位置。

注：对于拆卸客舱和/或货物舱地板情况下的飞机，建议进行平滑和低速牵引。

2. 工作准备信息

A. 固定设备、工具、试验和支持设备。

参　考	数　量	名　称
无规定	按要求	轮挡
无规定	1	牵引杆
无规定	1	牵引车(牵引杆型)
(D23156000)	1	保险销

B. 参考信息。

参　考	名　称
05 - 57 - 00 - 200 - 001 - A	飞机稳定性检查
09 - 10 - 00 - 584 - 001 - A	牵引
10 - 11 - 00 - 555 - 015 - A	飞机轮挡的安装程序
24 - 41 - 00 - 861 - 002 - A	由地面电源向飞机电路供电
24 - 41 - 00 - 861 - 002 - A - 01	由辅助动力装置(APU)向飞机电路供电
24 - 41 - 00 - 861 - 002 - A - 02	由发动机 1(2)向飞机电路供电
24 - 41 - 00 - 862 - 002 - A	切断地面电源向飞机电路的供电
24 - 41 - 00 - 862 - 002 - A - 01	切断辅助动力装置(APU)向飞机电路的供电
24 - 41 - 00 - 862 - 002 - A - 02	断开发动机 1(2)向飞机电路的供电
29 - 10 - 00 - 863 - 002 - A	增压黄液压系统
29 - 23 - 00 - 860 - 001 - A	脱开动力转换组件(PTU)的隔离接头
29 - 24 - 00 - 863 - 001 - A	用电动泵增压黄的液压系统
31 - 60 - 00 - 860 - 001 - A	电子仪表系统(EIS)启动程序
32 - 00 - 00 - 481 - 001 - A	安装起落架安全装置

N/W-转弯系统控制盒，如图 3-11 所示

牵引连接件，如图 3-12 所示

续表

参　考	名　称
牵引杆安装,如图 3 - 13 所示	
牵引杆拆卸,如图 3 - 14 所示	

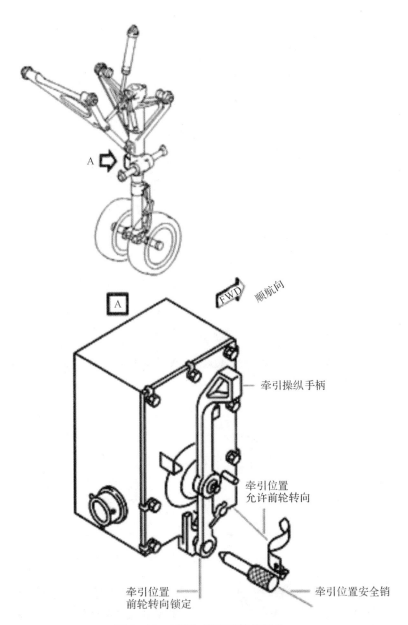

图 3 - 11　N/W - 转弯系统控制盒

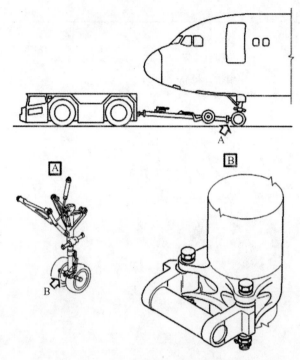

图 3-12 牵引连接件

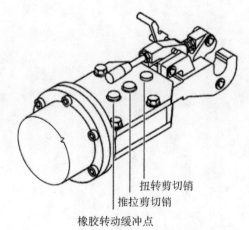

扭转剪切销

推拉剪切销

橡胶转动缓冲点

图 3-13 牵引杆的安装

3. 工作准备

A. 检查。

(1)确保安全设施安装于起落架(参见 AMM 任务 32-00-00-481-001)。

注:飞行操作期间,当牵引或推飞机时,选择的安装起落架安全装置。

(2)确保飞机稳定(参见 AMM 任务 05-57-00-200-001)。

(3)确保关闭发动机整流罩。

B. 发动机拆下时牵引的特别情况。

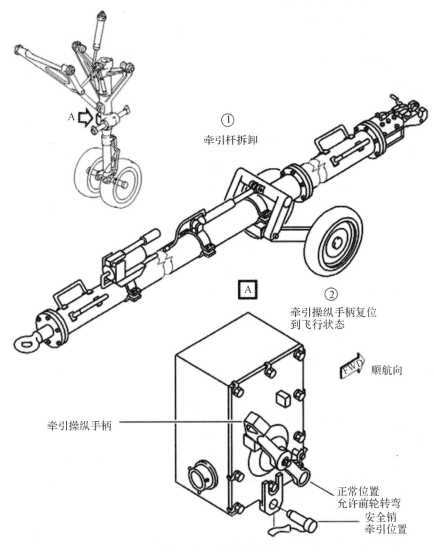

① 牵引杆拆卸

A

② 牵引操纵手柄复位到飞行状态

FWD 顺航向

牵引操纵手柄

正常位置
允许前轮转弯

安全销
牵引位置

图 3-14　牵引杆的拆卸

　　告诫:当在地面牵引或移动发动机已拆卸和已安装反推装置的飞机时,为确保不会造成发动机短舱结构的损坏,要遵循以下注意事项:

　　(1)反推装置必须关闭及锁定。

　　(2)风扇整流罩必须拆除。

　　(3)飞机速度必须为 2 km/h 或更低。

　　(4)防止反推装置突然移动。

　　1)确保断开的吊架管路上安装保护罩。

　　2)如果安装 2 号发动机并拆除了 1 号发动机:确保 2 号发动机反推装置不可用(参见 AMM 任务 29-23-00-860-001)。

　　C.飞机维护构型。

（1）执行 EIS 启动程序（参见 AMM 任务 31 - 60 - 00 - 860 - 001）。

（2）在 N/W -转弯系统失效电动盒（如图 3 - 11 所示）5GC 上：

1）将地面-牵引控制手柄放到牵引位置。

2）安装保险销（D23156000）。

（3）在下部 ECAM DU，在 MEMO 页上：前轮转弯显示（N WHEEL STEERG DISC）指示出现。

告诫：确保牵引杆有以下装置。

1）缓冲结构；

2）校准剪切销；

3）两个校准转动剪切销，以避免出现引起起落架损坏的高载荷。

D. 安装牵引杆。

注：该程序仅用于牵引处于维护构型的飞机，而不用于操作的牵引。

不要用一辆牵引杆拖车将飞机拖到跑道末端附近的发动机区域。

注：对于牵引杆和牵引杆牵引车的要求，参见 AC 5 - 8 - 0。

（1）安装牵引杆到牵引接头，牵引连接件如图 3 - 12 所示。

（2）将牵引杆连接到牵引车上，牵引杆安装如图 3 - 13 所示。

E. 移走轮挡。

从主起落架机轮和前起落架机轮移走轮档。

F. 接通飞机电路。

（参见 AMM 任务 24 - 41 - 00 - 861 - 002）。

G. 将照明系统和通信系统按下述要求进行设定。

（1）在面板 25VU 上：

1）将 EXT LT/NAV&LOGO 电门设定到 ON；

2）将 EXT LT/BEACON 电门设定到 ON；

3）将 INT LT/DOME 电门设定到 BRT。

（2）甚高频（VHF）系统：如果有必要和控制塔保持通信，在无线电管理面板（RMP）11VU 上，压入 VHF1 按钮电门；在面板 60VU 上，连接一话筒。

（3）在面板 108VU 上，连接一话筒到 FLT INT 插座，可与驾驶舱对话。

H. 飞机维护构型。

警告：遵从液压安全预防措施。

警告：增压/释压一个液压系统之前，确保飞行控制表的运行范围内无障碍。

告诫：在牵引或后推飞机之前，将停留刹车（PARKING BRK）控制电门在 OFF 位置。

（1）液压增压。

1）在面板 400VU 上，确保黄色刹车压力指示器的压力指示正确：3 000 psi[①]（206.842 7 bar[②]），指针必须是在绿色的范围内。

2）如有必要，用电动泵（参见 AMM 任务 29 - 24 - 00 - 863 - 001）或用地面液压源（参见

---

① 1 psi＝6.895 kPa

② 1 bar＝10^5 Pa

AMM 任务 29 - 10 - 00 - 863 - 002)增压黄色的液压系统。

(2)在面板 110VU 上,将停留刹车(PARKING BRK)控制电门设定到 OFF。

(3)牵引期间,确保黄色刹车压力指示器上的压力指示正确:3 000 psi,指针必须是在绿色的范围内。

如有必要,增压黄液压系统(参见 AMM 任务 29 - 24 - 00 - 863 - 001)。

注:如以发动机供电飞机电路,不要增压黄色的液压系统。

4.程序

A.牵引。

警告:在牵引/滑行操作期间(包括低速操作),飞机上的每个人都必须就座并扣紧安全带。如果座椅安全带没有扣紧,则当飞机突然停止时可能使人受伤。

警告:确保当飞机靠其自身动力在地面上移动时,禁止人员进入可能会导致伤亡的飞机区域内;在发动机可将物体吹离或吸入其自身体内的范围内,没有任何物体。

(1)慢慢地平稳牵引。(参见 AMM 任务 09 - 10 - 00 - 584 - 001)

注意:因为停止机轮时,减震柱反作用会使飞机前后移动,所以当以前起落架牵引时,确保在飞机周围有足够的空间。

注:在牵引操作期间,安排一人在驾驶舱操作刹车;两个人监视翼尖位置。

5.结束工作

A.目视检查。

完成牵引操作后,确保前轮对准飞机中心线。

B.飞机维护构型。

(1)将轮挡放置到位(参见 AMM 任务 10 - 11 - 00 - 555 - 015)。

(2)在面板 110VU 上:设定停留刹车(PARKING BRK)控制电门到 ON 位置。

(3)在面板 400VU 上:确保在黄色的刹车压力指示器上的压力指示符合要求(3 000 psi),指针必须是在绿色的范围内。

如有必要,增压黄液压系统(参见 AMM 任务 29 - 10 - 00 - 863 - 002)。

C.拆卸牵引杆。

牵引杆拆卸,见图 3 - 14。

(1)从前起落架接头拆卸牵引杆。

(2)拆下牵引手柄保险销。

(3)确保地面牵引杆在其起始位置。

(4)在飞机电子中央监控系统下部显示器(ECAM DU)上,在 MEMO 页上:"N. WHEEL STEERG DISC"指示消失。

D.恢复照明系统和通信系统设定。

(1)在面板 25VU 上:

1)将 EXT LT/NAV&LOGO 电门设定到 OFF;

2)将 EXT LT/BEACON 电门设定到 OFF 位;

3)将 INT LT/DOME 电门设定到 OFF。

(2)在面板 60VU 上,拆下话筒吊杆。

如在控制塔和驾驶舱之间有通信,松开 VHF1 按钮电门。

(3)在面板 108VU 上,拆下话筒吊杆。

E.飞机维护构型。

移走地面辅助和维护设备、特殊和标准工具及其他各项。

6.断开飞机电路

断开飞机电路(参见 AMM TASK 24-41-00-862-002)。

3.6　飞机的清洁

3.6.1　飞机清洁的原则要求

1.人员资质

(1)清洁人员应经过相关培训,并取得上岗资格。

(2)熟悉所使用的清洁剂、消毒液的性能、用途、范围及使用方法。

(3)能正确使用清洁工具及相关地面设备。

(4)掌握该型航空器维修手册中的有关清洁要求和相应的安全知识及各类警示标识、色标的含义。

(5)舱内清洁人员应身体健康、无传染疾病,并持有卫生部门颁发的健康合格证。

2.清洁剂

(1)所用清洁剂应为该型航空器制造厂推荐或下列任一情况的替代品。

1)该替代品已通过中国民用航空局适航审定部门批准或认可。

2)该替代品的制造标准或规范与所替代的清洁剂的制造标准或规范等同。

(2)应有产品合格证、使用说明书和安全数据单。

(3)应按说明书要求使用清洁剂,不得使用超过有效期的清洁剂。

3.清洁工具和设备

(1)使用的刷子和抹布应柔软、清洁,防止使航空器及驾驶舱、客舱的玻璃表面划伤。

(2)使用的水管不应漏水,喷水枪应安全、可靠,喷出的水压应适当。

(3)设备应清洁、完好、安全、可靠,不危及清洁人员和航空器的安全。

(4)清洁使用的工具、设备、刷子、抹布、手套、手电等应按照工具管理要求,执行三清点制度。

4.舱内清洁

(1)基本原则。

1)营运中的航空器应满足 GB 9673 和国际卫生组织(WHO)对舱内的环境和卫生要求。

2)定期对航空器舱内进行卫生质量检测,接受卫生监督机构的监督和指导。

3)运营人应建立舱内清洁、消毒工艺规程和工作程序,执行工作单和检查、验收制度。

4)对于经停站,航后应有明确的清洁范围规定,并严格执行。

5)航空器运载活体动物或运载传染性病人及有害、有毒和携带病媒的货物时,或始发、经停传染病流行区域、和污染区域后,均应进行消毒和灭菌。

6)对于与乘客皮肤直接接触的舱内各类服务用具,应实行一客一换或一客一消毒制度。

7)舱内各种装饰物品脏污、变色、陈旧、破损时,应及时更换。

(2)清洁要求。

1)在舱内实施清洁时,不应乱动各种设备、把手、手柄等。不应踩踏座椅、扶手、靠背以及各种台面。不应利用舱内的随机设备及物品做清洁用具。不应采用硬刮、硬削、敲击的办法进行清洁和除垢。不应向地面抛扔废弃物。

2)不应将舱内清洁产生的各种废弃物投入马桶和洗手池中,应及时将其清洁干净并集中放置在一个与客舱隔离的垃圾容器中,或工作完成后直接带走。

3)无关人员不应进入舱内。维修人员或其他人员进入舱内工作时,应清洁鞋底油污、脏物,不应用脏手触摸舱内各种服务设备及装饰板、帘、罩,不应将工作服上的油迹抹擦在座椅、门帘、壁板等部位上。

4)航空器在定检停场过程中和在雨、雪天气状况下进行舱内清洁工作时,应在客舱通道铺设"过道布"或采取其他的防污措施。

5)舱内各种装饰物品(椅套、门帘、地毯等)的清洁、洗涤应符合装饰物品生产厂家所提供的技术规范的要求。应根据所清洁部位的具体要求,正确选用用于舱内清洁的工具、设备,以防止划伤、损坏和磨损舱内壁面和设备。不应使用扫帚清扫地毯。不应使用过湿的拖把清洁地板,防止水分渗入地板和其他部位。

6)应用柔软的纯棉抹布沾中性清洁剂或专用清洁剂对驾驶舱和客舱玻璃进行清洁,禁止使用丙酮、汽油、酒精等有机溶剂。

7)用于舱内清洁的电器设备应具有防爆功能。需接机外电源给清洁设备供电时,应采用防爆、防漏电锁扣式电源插座、插头,并有保险装置。

8)驾驶舱的清洁应按机型维修方案的要求由维修人员进行。如果某些清洁项目由清洁人员完成时,应在维修人员的指导下进行。

9)当舱内因装载物泄漏造成污染时,维修人员或清洁人员应根据污染源的性质,按照有关规定进行处理和清洁。对特殊物质(如水银等)造成的污染,除按照有关规定进行处理和清洁外,还应向维修单位技术和质量部门报告,并在有关的技术文件上详细记录。

10)清除的垃圾和废弃物应及时处理,不应随意倾倒、丢弃。

(3)清洁范围。

按照经停站清洁和航后清洁等工作时机的不同,清洁范围分为最低限度的清洁和彻底清洁及飞机定检停场清洁,各自的要求也不同,下面以航后清洁为例,说明清洁范围的要求。

1)厨房(服务舱)的清洁内容。

清除碎屑,擦净溢出物,擦净地板表面;将垃圾桶倒净、刷洗并进行消毒;擦净所有的工作台面、洗涤槽、设备和橱柜;擦净所有的食品容器、食品车及存放处,包括框架等;擦净控制板、电话、门、仪表板等。

2)厕所(盥洗室)的清洁内容。

擦净洗手池,镜子及其周围和设备;清除杂物,倒净垃圾桶,并洗净、消毒;擦净地板表面;擦净门、护墙板等处;擦净洗手池周围、壁架和照明设备;添补香皂、纸巾和化妆品;擦净洗手池下面的护板;冲洗厕所,擦净厕所周围,擦净马桶座和座盖的上下两面,给马桶加添卫生剂。

3)客舱(休息室、衣帽间、客舱通道)的清洁内容。

清理、擦净所有座位后背夹袋和行李架;清洁、整理座背、坐垫和扶手,并摆放好安全带,添补清洁袋;擦净座垫下边的椅框,清洁、整理救生衣放置处;擦净所有的桌面和衣帽架;清除由于晕机呕吐、食物或饮料溅洒造成的污物或污渍;用吸尘器给地毯除尘,擦净非地毯的地板覆盖面;擦净舱内窗户及其周围和窗帘(板);擦净整个客舱的设备、服务板、台面以及舱壁;用吸尘器为所有通风孔的护栅除尘;换下所有脏的头垫;擦净舱梯台阶、扶手(如有);用洗过或经消毒的毯子换下用过的毯子;对舱内进行必需的消毒和除臭。

4)驾驶舱的清洁内容。

清除垃圾,清洁地板表面;擦净机组人员的座位和吊带;擦净仪表板、操纵台以及壁架各部位;擦净窗户玻璃。

5)货舱的清洁内容。

清除碎屑和废弃物;清扫地板,整理舱内附属栏网、绳扣等;清洁装载滑动装置的槽缝;清除污染物及污迹;必要时进行消毒。

舱内消毒:航空器进行经停站停留或航行结束后的舱内清洁时,所用的清洁剂和投入马桶的卫生剂均应含有消毒剂。

航空器运载传染性病人之后,病人坐过的座椅套和前、后排的座椅套以及病人玷污的物品均应拆换,并进行消毒处理,其他座位和地毯也应用吸尘器吸尘,吸出的灰尘应经消毒处理后遗弃,并用消毒液进行舱内消毒。

5.外表清洁

(1)清洁航空器的场地。

1)清洁场地应清洁、质地坚硬。

2)清洁场地应具有供、排水设施。

3)夜晚清洁时,清洁场地应有足够的灯光照明。

4)航空器清洁场地应有消防设备。

(2)基本规则。

1)维修单位应根据地区特点,并结合航空器的实际情况,合理制定清洁计划,按规定内容清洁或指派维修人员配合(开关舱门、口盖,监督、指导清洁人员按规定清洁航空器,验收航空器的清洁质量)清洁人员清洁航空器。

2)在无机库情况下的清洁计划,应考虑天气情况对清洁工作的影响。

3)航空器整机清洁前,维修人员应按机型维修手册的规定,认真检查并确保各舱门和各接近口盖已关好;对动压孔、静压孔、皮托管等部位应用遮盖物进行封堵,并按 MH/T 3011. 13 的规定进行标识,清洁后应及时取下。清洁人员应认真检查清洁用工具、设备,确保清洁、完好、安全、可靠。

4)清洁航空器时,清洁人员不应直接踩踏航空器的机身和机翼。高位清洁时,清洁人员使用的工作梯应有护栏、保险带等保护措施。

5)裸露在外的重要部位和结构,如钢索、导线、襟翼蜗杆、起落架舱、各种作动筒镜面等,不应用水冲洗,其周围区域可用抹布擦拭。

6)局部清洁时,开着的舱门和口盖附近区域不应用水冲洗,只能用抹布擦拭。

7)不应在发动机运转、辅助动力装置(APU)工作及通电状态下清洗航空器。

8)起落架减震支柱内筒光洁面应使用浸有与该支柱内相同或批准使用的油液的抹布进行清洁。

(3)清洁后的收尾工作。

1)打开有关舱门和口盖通风,擦干积水。

2)认真清点工具和设备,应确保无工具和设备遗留在航空器上。

3)清理清洗场地,按要求将工具和设备摆放到规定位置。

4)维修人员应对航空器外表做全面检查,确认所有的封堵物均已取下。

(4)清洁要求。

1)航空器外表应无油渍、污渍、淤水和清洁剂残留物。

2)驾驶舱、客舱玻璃应明亮,无划伤,无小纤维、水等附着物。

3)襟翼蜗杆、导线、钢索、起落架舱、作动筒和其他隐蔽区域等应无积水。

3.6.2　典型飞机的清洁程序

A320 飞机外部清洁程序如下。

外部清洁(任务 12-21-11-615-002-A)

警告:可能对进行鸟撞进行清理的人员造成健康危害。推荐以下固定措施:

(1)使用一次性手套。

(2)如果身体可能接触鸟残骸,则使用一次性外衣。

(3)不要用增压空气或水清洁与鸟相接触的零件。

(4)清除鸟残骸然后将其放入塑料袋。

(5)不要用手套接触脸、眼、鼻等。

(6)脱下手套和一次性外衣并将它们放入装残骸的同一个塑料袋内,并密封袋子。

(7)将袋子作为一般垃圾丢弃。

(8)用肥皂和水小心地冲洗手。

警告:不得在潮湿的飞机上行走,会滑倒造成伤害。

警告:在开始工作前,必须系上安全带并将其连接到工作平台。如果没有安全带,则可能跌落。这会导致死亡或受伤。

警告:当使用消耗材料时应小心,因为这些材料通常易燃、有毒且刺激皮肤。请遵循材料制造厂说明和当地规则。确保工作区域空气流通。

不要吸入清洁剂蒸气、不得在火焰、火花或热源附近使用这些材料。使用防护服、护目镜和手套。如果碰到皮肤或进入眼睛,立即用清水冲除;如果清洁剂不慎入口,应立即进行医疗救助。

1.工作目的

该任务提供以下程序:

(1)外部清洁飞机。

(2)清洁起落架和起落架舱。

2.工作准备信息

A.固定设备、工具、试验和支持设备。

参　考	数　量	名　称
无规定	1	干燥过滤气源
无规定	按要求	橡胶鞋
无规定	按要求	软毛刷
无规定	按要求	轮挡
无规定	1	高 12 m 的移动清洁设备
无规定	按要求	聚乙烯膜
无规定	按要求	橡胶手套
无规定	按要求	防护眼镜
无规定	按要求	带头罩的防水服
无规定	按要求	塑料刮圈
无规定	按要求	海绵
无规定	1	喷射设备
无规定	按要求	胶带
(98A10001500000)	3	迎角传感器滑盖
(98D10003003000)	3	AOA 传感器滑盖
(98D34203003000)	3	AOA 保护装置

B. 耗材。

参　考	名　称
05－005 *	特殊材料:防腐剂
05－027 *	特殊材料:抗腐剂
11－001 *	清洁剂:不再提供,当地采购
11－002 *	清洁剂:干性清洁剂(清漆溶剂油/石油溶剂油)
11－026 *	清洁剂:通用型溶剂
19－003 *	不起毛棉布

C. 参考信息。

参　考	名　称
09 - 10 - 00 - 584 - 002 - A	用起落架从前面牵引
09 - 10 - 00 - 584 - 006 - A	用无拖杆牵引车牵引
10 - 11 - 00 - 555 - 013 - A	飞机防护设备的安装
10 - 11 - 00 - 555 - 014 - A	飞机防护设备的拆卸

续 表

参　考	名　称
10 - 11 - 00 - 555 - 015 - A	飞机上轮挡的安装程序
12 - 31 - 12 - 660 - 002 - A	断电情况下飞机的防冰
12 - 34 - 24 - 869 - 002 - A	针对维护操作的飞机着陆
21 - 26 - 00 - 710 - 002 - A	超控功能(鼓风机和抽风机)的工作性能检查
24 - 41 - 00 - 861 - 002 - A	通过地面电源接通飞机电路
24 - 41 - 00 - 861 - 002 - A - 01	从 APU 供电飞机电路
24 - 41 - 00 - 861 - 002 - A - 02	飞机电路从发动机上 1(2)供电
24 - 41 - 00 - 862 - 002 - A	从地面电源切断飞机电路
24 - 41 - 00 - 862 - 002 - A - 01	从 APU 断电飞机电路
24 - 41 - 00 - 862 - 002 - A - 02	断开发动机 1(2)供给飞机上的电路电源
31 - 60 - 00 - 860 - 001 - A	电子仪表系统(EIS)启动程序
32 - 11 - 00 - 100 - 002 - A	清洗主起落架
32 - 12 - 00 - 010 - 001 - A	打开主起落架舱门以便接近
32 - 12 - 00 - 410 - 001 - A	检修后关闭主起落架舱门
32 - 21 - 00 - 100 - 002 - A	清洁前起落架
32 - 22 - 00 - 010 - 001 - A	前起落架舱门-打开地面舱门
32 - 22 - 00 - 410 - 001 - A	前起落架舱门-关闭地面舱门
56 - 10 - 00 - 110 - 001 - A	清洗左/右风挡
56 - 10 - 00 - 110 - 002 - A	清洗左/右固定窗
56 - 10 - 00 - 110 - 003 - A	清洗左/右滑动窗
56 - 21 - 13 - 100 - 002 - A	清洗外层窗玻璃的外表面

迎角传感器(AOA)保护,如图 3 - 15 所示

喷枪方向和喷射形状,如图 3 - 16 所示

清洁方法,见表 3 - 2

特定复合材料零件,如图 3 - 17 所示

3. 工作准备

A. 外部气候状况。

如果在飞机上看见雪或冰迹,则给飞机除冰(参见 AMM 任务 12 - 31 - 12 - 660 - 002)。

不允许在温度低于或等于 3℃时进行清洗。

如有可能,不在阳光直射或风中冲洗飞机,否则清洁剂会过快干燥并留下痕迹。

在 25℃以上的温度进行清洁时,应先在需要清洁的表面喷水,以保证在涂敷清洁剂前使

飞机蒙皮降低温度;清洗时,一次清洗一个小区域,避免清洁剂在冲洗前干燥。

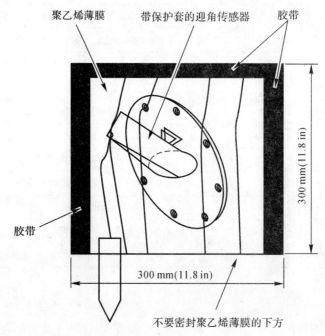

图 3-15　迎角传感器(AOA)保护

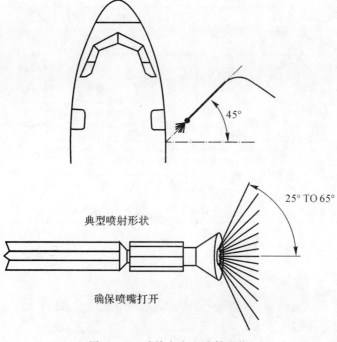

图 3-16　喷枪方向和喷射形状

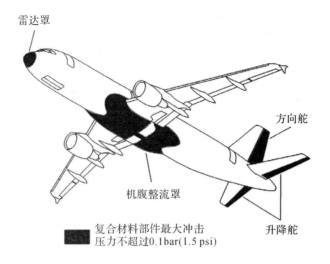

图 3-17 飞机特定复合材料零件

B. 概述。

(1)用于飞机清洁的水质。

建议使用 pH 值在 5 到 8.5 之间、氯化物含量小于 100×10^{-6} 的水:

注:带有高浓度氯化物和/或酸碱性的水会造成腐蚀;城市排水设施的处理水可能有产生细菌污染的隐患。

(2)清洁人员必须穿上橡胶靴,戴上橡胶手套、护目镜和带头罩的防水服。

C. 飞机维护构型。

警告:在开始任务前,确保安全设施和警告牌就位。飞行操纵面和相关控制手柄移动会:

一造成人员伤亡。

一导致飞机和/或设备损坏。

(1)将飞机拖曳到清洁区域(参见 AMM 任务 09-10-00-584-002)或者(参见 AMM 任务 09-10-00-584-006)。

(2)将轮挡就位(参见 AMM 任务 10-11-00-555-015)。

(3)为飞机接地(参见 AMM 任务 12-34-24-869-002)。

(4)确保在开始任务前将安全设备和警告牌就位。

(5)接通飞机电路(参见 AMM 任务 24-41-00-861-002)。

(6)确保缝翼、襟翼、扰流板、副翼和反推装置均已收起。

(7)在面板 25VU 上,按压 DITCHING 按钮电门(ON 图例灯亮)。

(8)断开飞机电路(参见 AMMTASK24-41-00-862-002)。

(9)飞机保护。

1)与黏胶带相关的预防措施。

a.将黏胶带仅用于指定区域。

b.使用黏胶带时应注意:黏胶带必须采用防水胶带;胶带颜色与飞机上区域颜色不同(容易看见);施工时,不要将黏合剂标记留在飞机蒙皮上。

2)确保发动机、辅助动力单元(APU)和探头冷却。

3)保护设备。

警告:不要在探头、导管、传感器(静压、空速管、总温、迎角传感器(AOA))上使用黏胶带,如果使用黏胶带,则一些黏胶带或来自黏胶带的黏合剂的会造成驾驶舱仪表上的不正确指示的危险。

只使用指定的装置来防护飞机,这些装置应该能给飞机设备正确保护,并且在地面容易看见,而且容易拆卸。

a. 安装飞机保护设备(参见 AMM 任务 10 - 11 - 00 - 555 - 013)。

b. 迎角传感器(见图 3 - 15)。

将聚乙烯膜(尺寸:300 mm×300 mm)放在每个迎角传感器(AOA)区域上,用黏胶带在顶部和侧面密封。

不得将聚乙烯薄膜密封在底边(排水)处,并记录放黏胶带的位置。

c. 发动机进气口和辅助动力单元(APU)。

可使用黏胶带以在发动机进气口和 APU 上获得更好的密封,记录放黏胶带的位置。

4)用聚乙烯薄膜将保护装置安装在所有机轮轮胎和刹车组件上。

可使用黏带改进密封,记录放黏胶带的位置。

5)用黏胶带密封的聚乙烯薄膜封闭下述开口,并记录放黏胶带的位置。

a. 进气口和出气口。

b. 机翼 NACA 进口 550AB 和 650AB。

c. 维护盖板 550CB 和 650CB 上的机翼油箱过压保护器。

(10)确保关闭所有飞机开口,包括:

1)滑窗;

2)旅客/机组门;

3)起落架舱门;

4)货舱舱门;

5)维护面板。

D. 工作准备。

(1)将 12 m 高度的可移动清洁设备放置就位。

警告:清洁液的等级是有害材料,使用不当会对人造成伤害。

该产品应仅根据制造商特殊的安全和健康要求使用。在使用该产品之前,仔细阅读适用的"材料安全数据表"并遵守所列出的安全和健康预防措施。

(2)清洁剂(材料号 11 - 001 ∗)、12 m 高度可移动清洁设备以及混合清洗剂。

根据材料制造厂说明的建议将清洁剂和水混合。

对于清洁极脏区域,可增加清洁剂浓度,但应遵照制造商说明。

清洁液浓度不得超过制造商说明中指定的最大浓度。

(3)将清洁液和冲洗水的温度设定到不超过 50℃。

4. 程序

A. 清洁前的一般说明。

(1)一般清洁步骤。

按下列步骤逐个区域进行清洁操作:

1)用水喷射该区域。

注:降低飞机的表面温度并防止该区域的清洁剂在冲洗前干燥。同样,摩擦湿润表面比摩擦干燥表面更容易。

2)用海绵或喷涂设备喷涂清洁液并同时摩擦。

3)让清洁剂渗入,但不要干燥。

4)按照涂敷清洁液的程序冲洗区域。冲洗前,不要让清洁剂在飞机表面干燥。

注:如果天气较热,则清洁较小区域以避免清洁液在外部蒙皮变干。

在涂漆表面上,用海绵状或干净软鬃毛刷擦拭表面。

为使剩余污物更容易清除,在使用软鬃毛刷或海绵前,用清洁液浸湿。

用适度压力小心摩擦表面。经常清洁刷子/海绵以防止刮痕。

(2)需要特别预防措施的区域。

1)窗,不要用海绵擦拭机身窗、驾驶舱窗或风挡。参见程序:窗的清洗。

2)起落架,不得在起落架和起落架舱上使用高压喷涂设备。参见程序:清洁起落架舱和起落架部件。

3)雷达罩、机腹整流罩、方向舵和升降舵,不得使用超过规定的最大压力。

4)传感器、探头和天线,用手清洁传感器、探头和天线周围的区域并冲洗。

(3)调节和操作喷射设备。

1)调节喷嘴以获得扇形喷射区域。不允许直接以环形喷射区域喷射;确保喷嘴没有阻塞。

2)将喷枪固定在距离表面最远大约 1 m 处,并与表面形成 45°的角度。

3)以最大约 0.1 m/s 速度在表面上移动喷头,但在一个点停留时间不得超过 5 s。

4)高压喷涂设备。

注:提供超过 5.5 bar[(1 bar=100 kPa=0.1 MPa=14.503 774 39 psi(磅/英寸^2)]喷嘴压力的喷涂设备是高压设备。

a.不得使用高压清洁以下对象:

—移动的机械零件:旋转轴承、轴承、铰链、作动筒和相关密封件等;

—密封件:舱门、客舱窗、面板、机械项目等的密封件;

—电气项目诸如导线、传感器、插头等;

—天线;

—空气进口;

—PR 密封剂和其他密封产品;

—窗;

—起落架舱;

—所有带有防护的项目(进气口、发动机尾喷管、APU 组件、静压孔、空速管探头、迎角(AOA)传感器、探头)。

b.限制说明。

喷枪方向和喷射形状如图 3-16 所示。清洁方法见表 3-2。飞机特定复合材料零件如图 3-17 所示。

为防止飞机表面损伤,遵循下列操作条件:

—雷达罩、腹部整流罩、方向舵和升降舵上的最大冲击压力是 1.5 psi。

一所有其他表面上的最大冲击压力 10 psi。

表 3-2 清洁方法

区域	清洁方法
敏感区域 运动的机械部件、密封件、压力密封件、电部件、天线、所有被保护的部件(皮托管探头、静压孔、发动机/辅助动力装置的进气/排气口); 进气口、起落架、起落架舱、窗	左侧所列敏感区域必须手工清洁,不能用高压喷枪。 注意: 高压喷枪只能用于特定区域的清洁。不要使用高压喷枪清洁传感器周围、探头、天线等等,这些区域必须用手清洗。 确保高压喷枪已经调整好其喷射形状和距离。 如果没有按照这些要求执行,可能会造成飞机蒙皮和零件的损坏。 高压喷枪可能造成液体喷射到轴承、转动销、探头、刹车、电连接器内部,在飞行过程中造成结冰,从而导致腐蚀或电气故障

	使用高压喷射设备时的最小距离限制	
	100 bar	50 bar
以下情形之外的所有飞机表面: 敏感区域的特定上方 特定复合材料零件的特定下方 最大冲击压力 0.7 bar(10 psi)	喷枪喷嘴 250 mm 飞机蒙皮	喷枪喷嘴 50 mm 飞机蒙皮
特别的复合材料零件 方向舵 升降舵 腹部整流罩 雷达罩 最大冲击压力 0.1 bar(1.5 psi)	喷枪喷嘴 1 000 mm 飞机蒙皮	喷枪喷嘴 500 mm 飞机蒙皮

喷枪设备设定为 1.5psi 冲击压力的示例:

喷枪压力	最大流量/(L/h)	喷嘴距离飞机表面最小距离/mm
要求 100 bar(1 450 psi)的压力	900	1 000
要求 50 bar(725 psi)压力	900	500

喷枪设备设置用于 10 psi 冲击力的示例:

喷枪压力	最大流量/(L/h)	喷嘴距离飞机表面最小距离/mm
要求 100 bar(1 450 psi)的压力	900	250
要求 50 bar(725 psi)压力	900	50

注:为了其他设定,空客建议从设备制造厂确认冲击压力值。

B.外部清洁机身、机翼、短舱、吊架、水平安定面和垂直安定面。

告诫:在除冰和清洁程序期间,确保热水或热水/除冰液混合物不会使飞机蒙皮温度增加到超过 70℃。

不要使用蒸汽清洁,如果不遵循该要求,将可能引起飞机表面或零件损坏。

告诫:外部清洗时,为避免飞机表面或零件损坏,必须确保:

—清洗剂、水和/或压缩空气压力不大于此规定值。

—喷射器喷头/喷嘴在指定距离以及表面指定角度。

告诫:高压喷涂设备仅用于指定区域。

不得使用高压喷涂设备清洁传感器、探头、天线等的周围区域。这些区域必须用手清洁。

确保将高压喷涂设备调节到规定值并在规定值下使用。

高压喷涂设备会将液体喷入轴承、接头、探头、刹车、电插头和其他密封部件内。

在飞机飞行期间液体进入这些区域会凝固、去除润滑剂、引起腐蚀和电气故障。

(1)清洗。

1)将清洁液和温度控制器调节到必要设定值。

2)将喷枪保持在必要的距离、角度和速度。

3)必须总是指明从飞机前到后的喷射。

4)空客推荐按以下顺序从飞机底部到顶部涂清洁液(防止刮痕和挂流):

a.从机翼的前缘到飞机头部的前机身下部段;

b.从机翼到水平安定面的前缘的后机身下部段;

c.机身和发动机吊架之间的机翼上表面;

d.从机头到水平安定面的上部机身;

e.中央机身下部段,发动机吊舱和机翼底部蒙皮;

f.尾锥、方向舵、水平安定面的底部和顶部蒙皮。

注:在可配平水平尾翼(THS)区域内,务必将喷枪由前向后放置。如果将喷枪从后到前喷射,则清洁剂会流入后部机身非增压舱。

g.在发动机吊架和翼尖之间的机翼顶部蒙皮。

5)用手清洁传感器、探头和天线周围的区域。

(2)冲洗。

告诫:飞机表面上的清洁液会引起腐蚀,必须确保充分清洗表面以去除所有清洗剂。

1)让清洁剂渗入,但不要干燥。

2)用手冲洗传感器、探头和天线周围的区域。

3)将水压和水流量调节到要求的设定值。

4)将水枪保持在必要的距离和角度。

5)从顶部到底部冲洗飞机以清除所有清洁液。

注:冲洗的脏水渍干燥后不容易清除。

6)当冲洗机翼和水平安定面时,始终用从下而上冲洗完成该步骤。

7)如果冲洗操作后有冰,则给飞机除冰和防冰(参见 AMM 任务 12-31-12-660-002)。

C.窗的清洗。

(1)不要用海绵擦拭机身窗、驾驶舱窗或风挡。

(2)清洁风挡(参见 AMM 任务 56-10-00-110-001)。

(3)清洁固定窗(参见 AMM 任务 56-10-00-110-002)。

(4)清洁滑动窗(参见 AMM 任务 56-10-00-110-003)。

(5)清洁窗户(参见 AMM 任务 56-21-13-100-002)。

D.清洁起落架舱和起落架部件。

注:起落架舱内有许多极易损坏的部件,建议仅在大型维修检查时清洁起落架舱。

(1)打开起落架舱门。

打开前起落架舱门(参见 AMM 任务 32-22-00-010-001)。

打开主起落架舱门(参见 AMM 任务 32-12-00-010-001)。

(2)确保正确关闭起落架舱检查口盖开口。

(3)清洁起落架舱。

告诫:不得将清洁液涂在镀铬表面和铰链处。

1)确保每个起落架轮/刹车都有保护。

2)使用聚乙烯薄膜和胶带用于保护所有橡胶项目、铰链和滑动组件;记录放粘胶带的位置。

3)不得使用高压喷涂设备清洁起落架舱。

警告:使用材料号 11-001 时应小心,遵循材料制造商说明。

4)仅使用海绵将清洁剂(材料号 11-001*)涂到起落架舱的相应零件及起落架舱门内表面上。

5)在不易接近的区域内,用软毛刷涂刷清洁剂(材料号 11-001*)以清除所有滑脂和滑油痕迹。

告诫:留在飞机表面上的清洁液会引起腐蚀,必须确保充分清洗表面以去除所有清洗溶剂。

6)手动冲洗起落架相应部分以去除所有清洁剂。

7)在不易接近的区域内,用不含有滑油的清洁干燥过滤气源进行除湿。

(4)清洁起落架。

1)清洁主起落架(参见 AMM 任务 32-11-00-100-002)。

2)清洁前起落架(参见 AMM 任务 32-21-00-100-002)。

(5)起落架舱防腐。

警告:当使用这些材料时应小心,应遵循材料制造商说明。

1)在起落架舱内,去除以下位置的防腐剂(材料号 05-005*):

—固定螺桩上的螺纹;

—垫圈；

—螺帽。

2)将抗腐剂(材料号为 05－027＊)涂到起落架舱涂漆表面上。

注:在涂刷该材料之前,漆层表面必须状况良好(没有损伤、刻痕、刮痕和/或腐蚀痕迹)。

3)在起落架舱内,将防腐剂(材料号 05－005＊)涂到所有:

—固定螺桩上的螺纹；

—垫圈；

—螺帽。

(6)一般目视检查起落架和起落架舱。

1)一般目视检查主起落架(支柱和舱门)730 和 740 区和主起落架舱 147 和 148 区。

2)一般目视检查前起落架(支柱和舱门)710 区和前起落架舱 123 和 124 区。

E.最终检查和清洁修整。

(1)所有飞机表面必须清洁且无污垢挂流。

(2)如有剩余污垢,则:

1)将水涂在脏污的区域；

2)用由清洗剂(材料号 11－026＊)或清洗剂(材料号 11－002＊)浸湿的不起毛棉布(材料号 19－003＊)清洁并擦干；

3)用湿润的布直接擦拭弄脏的区域；

4)让清洁剂渗入,但不要干燥；

5)用一块清洁干燥的不起毛棉布(材料号 19－003＊)擦净该区域。

(3)如有沥青污垢,用沾有清洁剂(材料号 11－026＊)或(清洗剂材料号 11－002＊)的海绵去除。

(4)如有其他剩余污垢(如昆虫等),用水软化再用塑料刮刀和沾水海绵刮除,小心不要造成表面刮痕。

5.结束工作

A.飞机维护构型。

(1)拆卸飞机防护设备(参见 AMM 任务 10－11－00－555－014)。

(2)参见粘贴胶带的记录以去除所有聚乙烯薄膜和胶带。

(3)确保记录所有材料为已拆卸。

(4)用浸有清洁剂(11－002＊)的不起毛棉布(19－003＊)去除所有胶带痕迹。

(5)接通飞机电路(参见 AMM 任务 24－41－00－861－002)。

(6)飞机蒙皮活门开口。

1)执行 EIS 启动程序(参见 AMM 任务 31－60－00－860－001)。

2)在面板 25VU 上,松开 DITCHING 按钮电门。

a.在 DITCHING 按钮电门上,白色 ON 图例灯熄灭。

b.在下部 ECAM DU 的 PRESS 页上:

—蒙皮出气口(EXTRACT)活门打开；

—蒙皮进气口(INLET)活门打开；

—完全打开溢流活门。

3)操作检查超控功能(参见 AMM 任务 21-26-00-710-002)。

B. 将飞机恢复到其初始构型。

(1)将标签从机长侧向操纵杆上取下或记录在未安装保护盖/装置的记录本内。

(2)关闭前起落架舱门(参见 AMM 任务 32-22-00-410-001)。

(3)关闭主起落架舱门(参见 AMM 任务 32-12-00-410-001)。

(4)拆卸地面支架和维护设备、特殊和标准工具以及所有其他物件。

(5)断电飞机电路(参见 AMM 任务 24-41-00-862-002)。

3.7 飞机的润滑

3.7.1 飞机的润滑部位和要求

飞机的润滑通常是指根据飞机维护手册的要求,对飞机上有相对运动的两个零件表面进行油脂的加注或净化工作。因此,各个不同机型的润滑部位因飞机构型不同而有区别,但一般来讲,润滑部位主要是起落架收放机构、钢索、机轮轴承、舱门、舵面等机构位置。

不同的润滑位置因结构不同、承载要求不同,所以加注的油脂种类、加注方法甚至加注工具都有所不同,在维护手册上会有明确规定。但润滑过程的一些通用规范还是都能适用的,其要点如下:

1)按照对应机型维护手册规定选择符合要求的油脂;

2)按照对应机型维护手册规定选择对应的润滑方法;

3)确保施工过程中油脂不会发生污染和混乱;

4)在开始润滑操作前,仔细清洁油枪嘴和润滑油孔或接头,确保用干净的润滑剂和工具进行润滑操作;

5)按照规范进行润滑工作,确保旧滑脂已被完全替换,除非有使用滑脂数量的指示,否则以观察到旧油脂已从释压活门挤出来,并在球面轴承的每一侧为准;

6)润滑后,用一块清洁的不起毛的抹布清除所有多余滑脂。

3.7.2 典型飞机的润滑程序

以 A320 飞机为例,主起落架和舱门的润滑程序(任务 12-22-32-640-001-A)如下。

警告:在开始工作前,在下述位置放置安全装置和警告牌:

1)飞行操纵装置;

2)飞行操纵面;

3)起落架和有关的门;

4)移动的部件。

警告:确保地面保险销在起落架正确位置上。

警告:仅在通风良好的环境下使用溶剂、清洗剂、密封剂和其他特殊材料。因为这些材料有毒、易燃且会刺激皮肤,如果皮肤或眼睛受到伤害,应马上就医。使用时服从制造商说明,并遵守以下安全要求:

1)穿上防护衣;

2）不要让它们进入口中；

3）不要在工作区域吸烟；

4）不要吸入这种气体。

告诫：维护工作中使用油脂时，只能使用相同规格的油脂（如相同规格，允许使用不同品牌）。有黏土增稠剂的油脂不要和有锂增稠剂的油脂混合使用，该混合物可改变油脂的润滑特性。如使用不同类型的油脂（特别是那些泥土增稠剂和锂增稠剂），减少在维护计划文件中指定的飞机勤务间隔（例如一半）。用于大约三或者四个勤务（参见勤务数据以确定适合飞机的最佳勤务间隔）。

1. 工作目的

1）参照维护计划文件（MPD）任务：321000－01。

2）润滑主起落架和舱门。

2. 工作准备信息

A. 固定设备、工具、试验和支持设备。

参考	数量	名称
无规定	1	3 m 可调工作平台
无规定	按要求	润滑设备
无规定	1	安全护栏
无规定	1	警告牌
（460005835）	1	地面锁紧螺套

B. 耗材。

参考	名称
02－001 *	液压油：滑油，液压石油
04－004 *	通用油脂：高压合成酯基润滑脂
04－022 *	通用油脂：高压合成碳氢化合物润滑脂
04－037 *	通用油脂：通用锂基润滑脂
11－002 *	清洁剂：干性清洁剂（清漆溶剂油/石油溶剂油）
11－026 *	清洁剂：通用型溶剂
19－003 *	不起毛棉布

C. 工作区域和维护盖板。

区域/接近	各段说明
731	左主起落架
734	主舱门

续表

区域/接近	各段说明
741	右主起落架
744	主舱门

D. 参考信息。

参考	名称
32 - 00 - 00 - 481 - 001 - A	安装起落架安全装置
32 - 12 - 00 - 010 - 001 - A	打开主起落架舱门以便接近
32 - 12 - 00 - 410 - 001 - A	检修后关闭主起落架舱门
SIL 12 - 008	（用于纠正措施）

主起落架润滑点,如图 3 - 18~图 3 - 25 所示

主起落架舱门和上位锁的润滑点,如图 3 - 26 所示

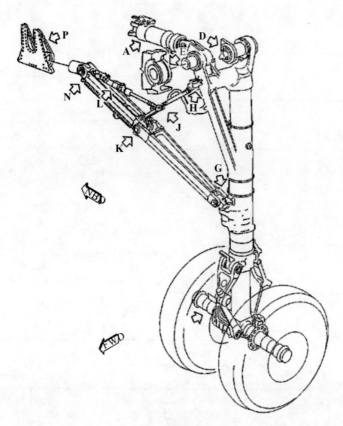

图 3 - 18　A430 飞机主起落架润滑点分布总图

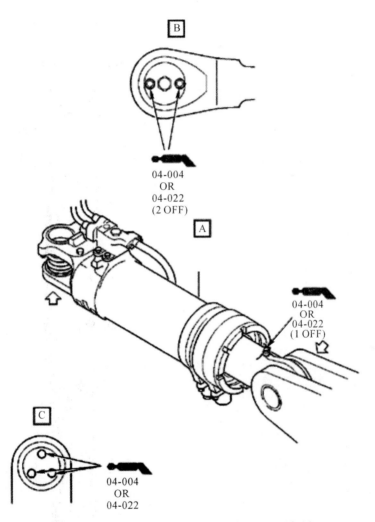

图 3 - 19　A430 飞机主起落架润滑点 A～C 局部图

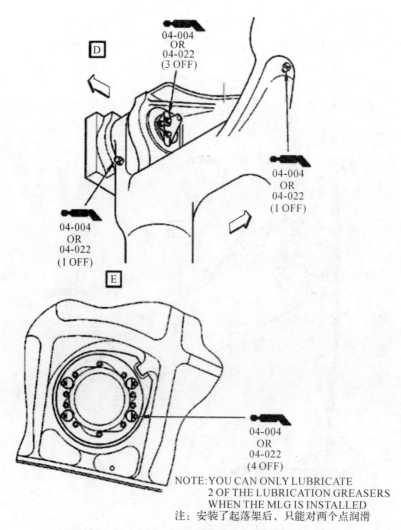

NOTE: YOU CAN ONLY LUBRICATE
2 OF THE LUBRICATION GREASERS
WHEN THE MLG IS INSTALLED
注：安装了起落架后，只能对两个点润滑

图 3 - 20　A430 飞机主起落架润滑点 D 和 E 局部图

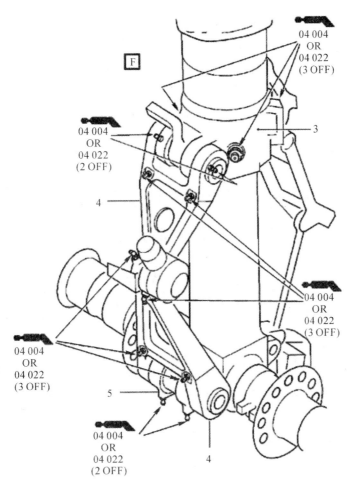

图 3 - 21　A430 飞机主起落架润滑点 F 局部图

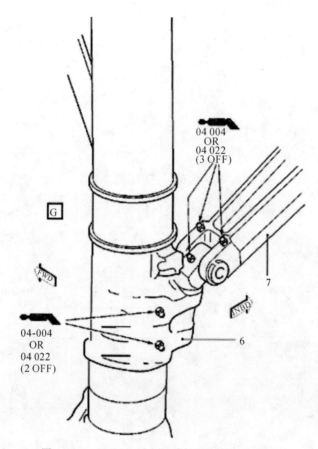

图 3-22　A430 飞机主起落架润滑点 G 局部图

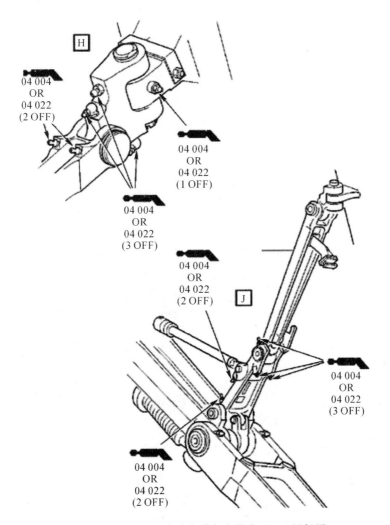

图 3 - 23　A430 飞机主起落架润滑点 H~J 局部图

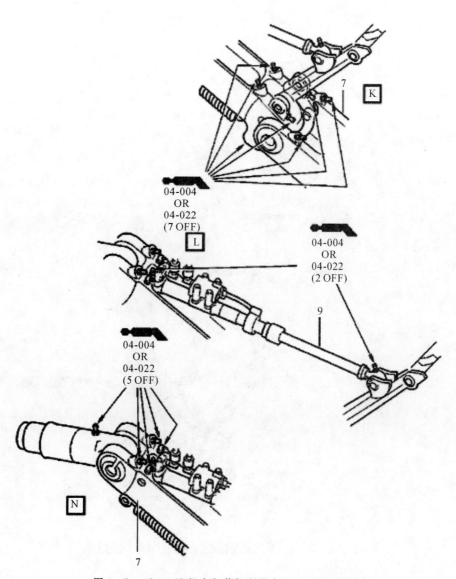

图 3 - 24　A430 飞机主起落架润滑点 K、L、N 局部图

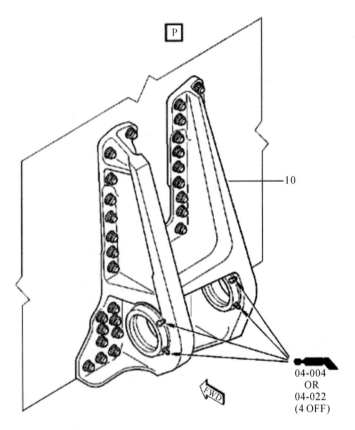

图 3 - 25　A430 飞机主起落架润滑点 P 局部图

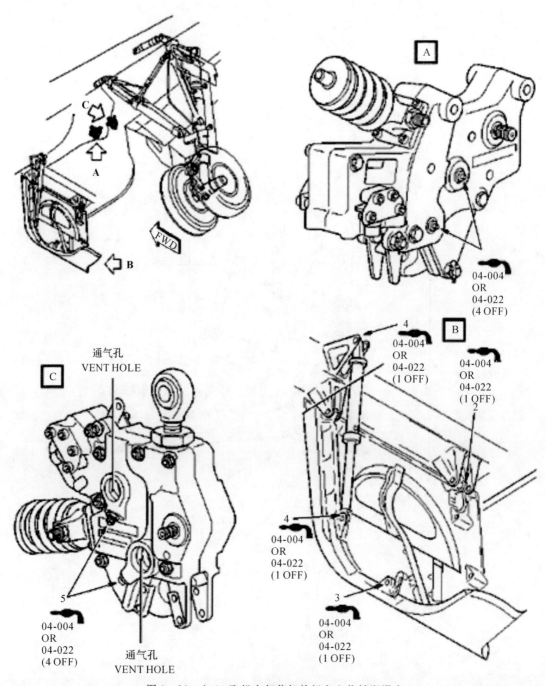

图 3-26 A430 飞机主起落架舱门和上位锁润滑点

3.工作准备

A.安全预防措施。

1)将安全护栏放在适当位置。

2)确保地面保险锁安装在起落架上(参见 AMM 任务 32－00－00－481－001)。

3)在面板 400VU 上：

—确保起落架控制手柄(6GA)处于放下(DOWN)位。

—放一块警告牌就位告诉人们不要操作起落架。

4)将警告牌就位以告诉人员不要操作起落架舱门。

B.接近。

1)将 3 m 可调节工作平台就位在靠近可用主起落架(MLG)。

2)打开相应的主起落架门(参见 AMM 任务 32－12－00－010－001)。

3)确定将地面锁套(460005835)安装到相关主起落架门作动筒上。

C.设备准备。

1)确保充填前润滑设备处于正确状况。

2)操作润滑设备确保管和转接头充满新的润滑剂。

警告:小心使用消耗材料。必须遵守操作人员和厂商的健康和安全说明。

3)用一块干净的不起毛棉布(材料号 19－003＊)和清洗剂(材料号 11－026＊)清洁注油器。

4.程序

告诫:仅允许使用手动操作润滑设备,润滑主起落架舱门作动筒上的轴承座,动力操作润滑设备会损坏主起落架舱门作动筒刮片密封件。

告诫:仅允许使用手动式润滑设备,润滑主起落架底部轴承上的密封装置壳体,动力操作润滑设备会挤压主起落架底部轴承密封刮刀。

告诫:操作动力操作式润滑设备不得超过 207 bar(3 000 psi),高润滑压力会损伤飞机。

A.润滑主起落架和舱门。

注:主起落架及舱门和上位锁上的润滑点如图 3－19～图 3－26 以及表 3－3 和表 3－4 所示,可以据此找到各个对应的润滑点。

注:在下列步骤中,确保通用滑脂(材料号 04－004＊)、通用滑脂(材料号 04－022＊)或材料 04－037＊(通用滑脂)未混合,不要与 SIL 12－008 混用。

1)按下列步骤润滑主起落架润滑点。

(a)用通用滑脂(材料号 04－022＊)或通用滑脂(材料号 04－037＊)主起落架润滑列表中的润滑项目序号 1 中的 6 个润滑点。向润滑嘴注入润滑脂直到新润滑脂溢出。

(b)用通用滑脂(材料号 04－004＊)、通用滑脂(材料号 04－022＊)或通用滑脂(材料号 04－037＊)润滑主起落架润滑列表中的其余润滑项目。向润滑嘴注入润滑脂直到新润滑脂溢出。

(c)用通用滑脂(材料号 04－004＊)、通用滑脂(材料号 04－022＊)或通用滑脂(材料号 04－037＊)润滑主起落架舱门和上位锁润滑列表中的润滑项目序号 2 到 4 所对应的 4 个润滑点。向润滑嘴注入润滑脂直到新润滑脂溢出。

(d)按下列步骤,用通用滑脂(材料号 04－004＊),通用滑脂(材料号 04－022＊)或通用滑脂(材料号 04－037＊)润滑主起落架舱门和上位锁润滑列表中的润滑项目序号 1 和 5,其方法是:使用手动注油枪向上位锁销注入润滑脂两次完整行程。

（e）主起落架润滑点如表 3-3 所示。

表 3-3　A320 飞机主起落架润滑点列表

序号	部件/位置	总计	润滑器位置
1	收起作动筒	6	在活塞杆上有 1 个 活塞杆连接销上有 2 个 结构连接销上有 3 个
2	上部支柱	7	前枢轴壳体上有 1 个 后枢轴壳体上有 1 个 后枢轴销上有 3 个 前铰链轴承的飞机结构上有 2 个（当安装主起落架时，允许仅润滑 1 个注油器）
3	密封盖壳体	3	底部轴承上有 3 个
4	扭力杆	9	顶部力矩连杆上有 3 个 顶部转矩杆连接销上有 2 个 底部力矩连杆上有 3 个 靠近扭力连杆阻尼器的垫片组件上有 1 个
5	拖曳凸耳	2	每个凸耳上 1 个
6	支柱侧撑杆连接件	2	支柱连接支架上有 2 个
7	侧撑杆	15	顶部万向接头处有 5 个 中间接合处有 7 个 底部万向接头处有 3 个
8	锁定	13	侧撑杆连接件处有 2 个 中央接合处有 3 个 上支柱锁支柱黏附柄上有 2 个 锁支柱万向接头上有 2 个 锁定撑杆顶部有 2 个 作动筒连接件处有 2 个
9	锁定撑杆作动筒	2	1 个在作动筒的各端
10	飞机结构处的侧撑杆支架	4	每个衬套 2 个

（5）主起落架舱门和上位锁润滑点列表如表 3-4 所示。

表 3-4　主起落架舱门和上位锁润滑点列表

序号	部件/位置	总计	润滑器位置
1	主起落架门上锁销	4	每侧有 2 个
2	主起落架舱门	1	后铰链上有 1 个
3	主起落架门上位锁滚筒	1	在滚筒上有 1 个
4	主起落架门作动筒	2	1 个在作动筒的各端
5	主起落架上锁	4	每侧有 2 个

2)去除不需要的油脂：

警告：使用消耗材料需小心操作，必须遵守操作人员和厂商的健康和安全说明。

（a）用一块干净的不起毛棉布（材料号 19－003＊）和清洗剂（材料号 11－026＊）清洁注油器。

（b）确保正确固定注油器滚珠。

3)检查作动筒活塞杆的铬表面。

注：作动筒活塞杆的铬表面不能涂滑脂。

4)如果发现油脂，则用浸有清洁剂（材料号 11－002＊）的干净不起毛棉布（材料号 19－003＊）清洁铬表面。

5)用干净的不起毛棉布（材料号 19－003＊）将一层薄的液压油（材料号 02－001＊）涂在作动筒活塞杆的铬表面。

5.结束工作

A.关闭接近区域。

1)确保工作区无障碍，没有工具和其他项目。

2)移除工作平台。

3)关闭相应的主起落架舱门（参见 AMM 任务 32－12－00－410－001）。

B.设备的拆卸。

1)拆卸安全护栏。

2)取下警告牌。

3)移走地面辅助和维护设备，特殊和标准工具及其他各项。

3.8　民机放水程序

飞机执行完航班后，需要进行污水排放；在冬季，为避免水结冰而堵塞甚至冻裂管路，也需要将各个水箱和系统的存水放出。下面以 A320 飞机饮用水系统在使用电源情况下的排放程序为例说明排水的过程。

饮用水系统的排放（使用电源）（任务 12－24－38－680－001－A）

1.工作目的

自定义。

2.工作准备信息

A.固定设备、工具、试验和支持设备。

参考	数量	名称
无规定	1	2M 工作平台
无规定	1	排放软管

B.耗材。

参考	名称
19－003＊	不起毛棉布

C. 工作区域和维护盖板。

区域/接近	各段说明
133AL、171AL	
192NB	

D. 参考信息。

参考	名称
12 - 31 - 38 - 660 - 001 - A	冷天维护-水/废水
24 - 42 - 00 - 861 - 001 - A	通过地面电源接通地面勤务电网
24 - 42 - 00 - 862 - 001 - A	从地面电源切断地面勤务电网

饮用水勤务面板,如图 3 - 27 所示

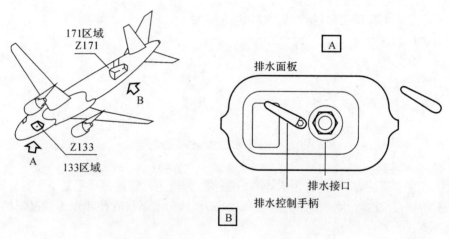

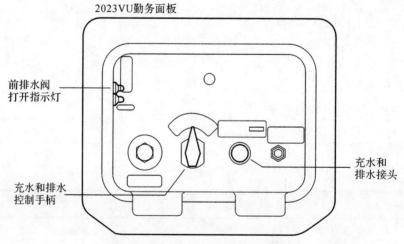

图 3 - 27　A430 飞机饮用水勤务面板

3.工作准备

A.排放饮用水系统。

告诫:排放饮用水系统后,在引气系统位于 OFF 位置和外界大气温度低于 0℃时,确保排放活门始终断开。

当外界气温如表 3-5 所示时,必须排放水系统(参见 AMM 任务 12-31-38-660-001)。

表 3-5 水系统排放构型要求

结 构			暴露时间(小时:分钟)	水箱排放要求	要求的系统排放
空调	客舱温度	外部天气温度			
ON	10℃以上	0 和−15℃之间	任何	否	否
		低于−15℃	1:15		
OFF		0 和−7℃之间	1:30	是	是
		−7 和−15℃之间	0:30		
		低于−15℃	任何		

B.接通地面电源。

C.确保下表所列跳开关闭合。

面 板	名 称	功能项目号	位 置
2000VU	WATER SYS	1MA	D06
2001VU	WATER SYS-DRAIN	1MP	D05

D.将 2 m 工作平台放置到口盖 133AL、192NB 和 171AL 下方。

E.飞机维护构型。

(1)确保打开每个盥洗室内的饮用水关断活门。

(2)确保打开每个潮湿厨房内的饮用水关断活门。

(3)确保每个盥洗室内的饮用水混合定时器控制按钮设定于中央位置(在红/蓝区域之间)。

(4)确保打开每个厨房内的饮用水关断活门。

F.打开下列维护口盖以便接近。

(1)打开维护盖板 133AL、192NB、171AL。

(2)拆卸勤务面板 2023VU 上的加水和排水口盖。

4.程序

A.排放饮用水系统。

饮用水勤务面板,如图 3-27 所示。

(1)将排放软管连接到:

· 饮用水勤务面板 2023VU 上的注水排水口;

·前排放面板上的排放孔。

(2)在饮用水勤务面板 2023VU 上:

将加注和排放控制手柄 3254MM 转到拉出放水(PULL TO DRAIN)位置,然后拉出到机械止动。

注:排放活门控制灯(2MP)亮。

注:水将从以下部位放出:

1)在饮用水勤务面板 2023VU 上的加水和排放口。

2)前排放面板上的排放口。

(3)使用厨房中的水龙头,咖啡壶和热水器(如已安装)进行排放。

注:要排放厨房中的水,需要多次重复步骤(3)。

饮用水系统排放后:

1)飞机位置会影响从厨房放水的时间;

2)至少要 15 分钟来排放厨房中的水。

(4)如飞机移动,则必须再次重做步骤(3)。

(5)当系统排放时,拆卸排放软管从:

1)勤务面板 2023VU 处的注水排水口;

2)前排放面板上的排放孔。

(6)将加水和排水控制手柄(3254MM)扳回到正常(NORMAL)位置。

5.结束工作

A.关闭接近通道。

(1)确保工作区无障碍,没有工具和其他项目。

(2)用不起毛布不起毛棉布(材料号 19 - 003 *)清洁面板并擦干。

(3)将盖子安装在勤务面板的注水和排水口上。

注:如果在寒冷天气下进行排水,则应始终打开盖子和维护盖板(参见 AMM 任务 12 - 31 - 38 - 660 - 001)。

(4)关闭维护盖板 133AL 171AL。

B.断开地面电源(参见 AMM 任务 24 - 42 - 00 - 862 - 001)。

C.移走地面辅助和维护设备,特殊和标准工具及其他各项。

3.9 数据的下载和上传

现代飞机广泛采用计算机控制,各个计算机系统数据的上传和下载成为必要的机务工作,掌握数据的上传和下载过程是机务维护的必要技能。下面以 A320 飞机的 FM 数据下载和上传为例说明数据的下载和上传过程。

3.9.1 数据下载

FM 数据下载(任务 22 - 70 - 00 - 610 - 006 - D,FIN:1CA1,1CA2)

1.工作目的

用手提式数据载入器(PDL)(SFIM 或类似仪器)下载 FM 数据。

2. 工作准备信息

A. 工装、工具、试验和支持设备。

参 考	QTY	名 称
无规定	按要求	跳开关保险丝
(PS4084544 - 103)	1	FM BITE 下载工具
(YV68A110)	1	手提式数据载入器

B. 工作区和维护盖板。

区域/入口	各段说明
210	驾驶舱、前舱隔板到驾驶舱隔板

C. 参考信息。

参 考	名 称
24 - 41 - 00 - 861 - 002 - A	通过地面电源接通飞机电路
24 - 41 - 00 - 861 - 002 - A - 01	由 APU 向飞机电路供电
24 - 41 - 00 - 861 - 002 - A - 02	由发动机 1(2)向飞机电路供电
24 - 41 - 00 - 862 - 002 - A	切断地面电源向飞机电路的供电
24 - 41 - 00 - 862 - 002 - A - 01	切断 APU 向飞机电路的供电
24 - 41 - 00 - 862 - 002 - A - 02	断开发动机 1(2)向飞机电路的供电

3. 工作准备

子任务 22 - 70 - 00 - 860 - 084 - A

A. 飞机维护构型。

(1)对飞机电路供电(参见 AMM 任务 24 - 41 - 00 - 861 - 002)。

(2)确保电子设备架通风工作。

(3)确保飞机位于地面构型内。

B. 确保下列跳开关闭合。

面 板	名 称	功能项目号	位 置
49VU	AUTO FLT/FMGC/1	10CA1	B02
49VU	AUTO FLT/MCDU/1	11CA1	B01
121VU	AUTO FLT/FMGC/2	10CA2	M17
121VU	AUTO FLT/MCDU/2	11CA2	N20

子任务 22 - 70 - 00 - 865 - 098 - A

C. 断开这些跳开关、打保险和挂标签。

面　板	名　　称	功能项目号	位　置
121VU	COM NAV/AC 按要求 S/MU	2RB	L06

4. 程序

子任务 22-70-00-610-065-A

A. 下载 FM BITE 数据。

注:不要使用相同的软盘进行两个 FMGC 下载。

动　　作	结　　果
1. 在中央操纵台上,在多功能显示器 1(2)(MCDU1(2))上: —转动亮度(BRT)旋钮以调整亮度	
2. 断开跳开关 10CA1、10CA2、11CA1 和 11CA2	MCDU1 和 2 显示器变为空白
3. 在手提式数据载入器(PORTABLE DATA LOADER)上(YV68A110): —将 ON/OFF 电门设置到 OFF 位。 —把连接电缆连到装载器插头。 4. 在面板 52VU 上: —拆下 FM LOAD 空白板。 —把连接电缆连到 SYST1 插头。 5. 闭合跳开关 11CA1	
6. 在手提式数据载入器上: —将 ON/OFF 电门设定到 ON	在手提式数据载入器上: — MDDU READY 指示显示
7. 闭合跳开关 10CA1	供电测试 FMGC 1 启动。 —在试验结束,响起三声滴答音响警告
8. 在手提式数据载入器上: —将 FM BITE 下载工具(PS4084544-103)放入磁盘驱动器	在手提式数据载入器上: — TRANS IN PROG 指示显示 —然后,当传输完毕后,显示 WAIT RESPONSE 指示
9. 在手提式数据载入器上: 10. 断开跳开关 10CA1 和 11CA1。 11. 在面板 52VU 上。 12. 闭合跳开关 11CA2: —弹出软盘。 —将 ON/OFF 电门设置到 OFF 位。 —从 SYST1 插头断开连接电缆。 —将连接电缆连接到 SYST2 插头	

续表

动 作	结 果
13. 在手提式数据载入器上： —将 ON/OFF 电门设定到 ON	在手提式数据载入器上： —显示 MDDU READY 指示
14. 关闭跳开关 10CA2	—供电测试 FMGC 2 起动。 —在试验结束，响起三声滴答音响警告
15. 在手提式数据载入器上： —将 FM BITE 下载工具（PS4084544 - 103）放入磁盘驱动器	在手提式数据载入器上： —TRANS IN PROG 指示显示 —然后，当传输完毕后，显示 WAIT RESPONSE 指示
16. 在手提式数据载入器上。 17. 断开跳开关 10CA2 和 11CA2。 18. 在面板 52VU 上。 19. 闭合跳开关 10CA1、10CA2、11CA1、11CA2 和等待 1 分钟	

5. 工作结束

子任务 22 - 70 - 00 - 865 - 099 - A

A. 拆下保险夹和标签并闭合这些跳开关。

面 板	名 称	FIN	位 置
121VU	COM NAV/ACARS/MU（导航/地址和报告系统/管理单元通讯）	2RB	L06

子任务 22 - 70 - 00 - 862 - 068 - A

B. 对飞机电路断电（参见 AMM TASK 24 - 41 - 00 - 862 - 002）。

3.9.2　数据的上传

FM 数据的上传（任务 22 - 70 - 00 - 610 - 008 - A,FIN:1CA1，1CA2）

警告:在给飞机供电之前，确保将全部维护中的电路隔离。

1. 工作目的

用手提式数据载入器（PDL）（SFIM 或类似仪器）加载 FM 数据。

2. 工作准备信息

A. 工装、工具、试验和支持设备。

参 考	QTY	名 称
无规定	按要求	跳开关保险丝
（YV68A110）	1	手提式数据载入器

B. 工作区和维护盖板。

区域/入口	各段说明
210	驾驶舱，前舱隔板到驾驶舱隔板

C. 参考信息。

参 考	名 称
2 - 70 - 00 - 610 - 009 - A	FM 数据的交叉传输
24 - 41 - 00 - 861 - 002 - A	通过地面电源接通飞机电路
24 - 41 - 00 - 861 - 002 - A - 01	从 APU 供电飞机电路
24 - 41 - 00 - 861 - 002 - A - 02	飞机电路从发动机上 1(2)供电
24 - 41 - 00 - 862 - 002 - A	从地面电源切断飞机电路
24 - 41 - 00 - 862 - 002 - A - 01	从 APU 断电飞机电路
24 - 41 - 00 - 862 - 002 - A - 02	断开发动机 1(2)供给飞机上的电路电源

3. 工作准备

子任务 22 - 70 - 00 - 861 - 069 - A

A. 飞机维护构型。

(1)对飞机电路供电(参见 AMM 任务 24 - 41 - 00 - 861 - 002)。

(2)确保飞机位于地面构型内。

子任务 22 - 70 - 00 - 865 - 109 - A

B. 确保这些跳开关是闭合的。

面 板	名 称	FIN	位 置
49VU	AUTO FLT/FMGC/1	10CA1	B02
49VU	AUTO FLT/MCDU/1	11CA1	B01
121VU	AUTO FLT/FMGC/2	10CA2	M17
121VU	AUTO FLT/MCDU/2	11CA2	N20

子任务 22 - 70 - 00 - 865 - 110 - A

C. 断开这些跳开关、打保险和挂标签。

面 板	名 称	FIN	位 置
121VU	COM NAV/AC 按要求 S/MU	2RB	L06

4. 程序

子任务 22 - 70 - 00 - 970 - 066 - A

A. FM 数据的上传。

注:该程序用于 FMGC1,对于 FMGC2 的操作过程相同,指示值如括号内数值。

动　作	结　果
1.在中央操纵台上,在多功能显示器 1(2)(MCDU1 (2))上: —转动亮度(BRT)旋钮以调整亮度	
2.断开跳开关 10CA1、10CA2、11CA1 和 11CA2	MCDU1 和 2 显示器变为空白
3.在 PORTABLE DATA LOADER(手提式数据载入器)上(YV68A110): —将 ON/OFF 电门设置到 OFF 位。 —把连接电缆连到装载器插头。 4.在面板 52VU 上: —拆下 FM LOAD 空白板。 —把连接电缆连到 SYST1(2)插头。 5.闭合跳开关 11CA1(11CA2)	
6.在手提式数据载入器上: —将 ON/OFF 电门设定到 ON	在手提式数据载入器上:
—将磁盘放进磁盘驱动器	—出现 READY 指示。 —然后,WAIT RESPONSE 指示出现
7.闭合跳开关 10CA1 (10CA2)	在手提式数据载入器上: —出现 READY 指示。 —然后,WAIT RESPONSE 指示出现和,紧接着,TRANSF IN PROG 指示出现。 —当所有数据存入计算机后,出现 TRANSF COMPLETE 指示
8.在手提式数据载入器上: 9.断开跳开关 10CA1(10CA2)和 11CA1(11CA2)。 10.在面板 52VU 上: —弹出磁盘驱动器内的磁盘。 —将 ON/OFF 电门设置到 OFF 位。 —拆开手提式数据载入器连接电缆。 —安装 FMS LOAD 遮蔽板。 11.闭合跳开关 10CA1、10CA2、11CA1、11CA2 和等待 1 分钟	
12.在中央操纵台上,在 MCDU1(2)上: —按压 MCDU MENU 模式键。 —压入靠近 FMGC 指示的行键。 —按压 DATA 模式键。 —压入靠近 A/C STATUS 指示的行键	在 MCDU1(2)上: —MCDU MENU 页出现。 —FM 页面出现。 —DATA INDEX(数据索引)页面出现。 —A/C 状态页出现

B. 在中央操纵台,在 MCDU1(2)的 A/C STATUS 页面作一次检查:

—FMGC 起作用的数据库、输入的数据,用于正确日期和序号的显示。

5. 工作结束

子任务 22 - 70 - 00 - 865 - 112 - A

A. 拆下保险夹和标签并闭合这些跳开关。

面 板	名 称	FIN	位 置
121VU	COM NAV/AC 按要求 S/MU	2RB	L06

子任务 22 - 70 - 00 - 862 - 077 - A

B. 断电飞机电路(参考 AMM 任务 24 - 41 - 00 - 862 - 002)。

第4章 系统故障诊断与处理

在飞机维修领域,由于组成飞机系统的元器件众多,各个元器件引起的故障现象在很多时候难以用简单的方法直接区分,因此飞机系统的故障诊断往往会占据较多的时间。为了提高故障诊断效率,现代飞机大多都装有中央维护系统或机组警告系统,监视各个系统参数,在出现异常时给出警告信息,维护人员可以根据警告提示信息进行故障诊断。虽然目前也出现了很多的在线飞机故障诊断的智能算法,但直接用于飞机快速故障诊断的,特别是用于维修现场进行故障诊断的还比较少。大多数场合还是依赖维修人员提高系统测试或检查来确定故障源。

在我国军机维修领域,进行故障诊断更多的是运用逻辑推断法。即根据故障现象和故障原因之间的逻辑关系,列出可能导致该故障现象的所有原因,根据这些故障原因排查的难易程度,按照先易后难的顺序列成程序框图,逐条检查和排除,直至确定故障源。在排查故障源的过程中,可以通过测试、检查、换件等方法。

在民机维修领域,由于对故障研究较为充分,同时飞机的使用数量庞大,积累了相当多的故障经验数据。在这些基础数据支撑下,为了使得维修工作更为高效和规范,各个制造商提供了相当完善的技术手册用于支持故障排除。即在民机出现异常情况时,机务人员首先根据故障现象或代码或提示信息在故障隔离手册(FIM 波音飞机)或排故手册(TSM 空客飞机)中查找相关的故障隔离程序,然后逐条执行故障隔离程序即可。绝大多数故障都可以通过这种手册规定的程序得以排除。这样的排故过程实际上降低了对机务人员的知识要求,使得故障诊断不需要过多的主观判断,只需要按程序实施,观察结果,判断是或否即可。

但是即使对空客或波音公司的飞机手册,也并不能完全解决所有可能的故障,有些综合性故障还是需要机务人员根据故障原因和现象之间的因果关系进行分析和判断。而且排故手册的基础仍是运用故障原因与故障影响间的因果关系。因此,即使对民航飞机,了解典型系统故障的排故思路对于正确理解排故程序、准确执行乃至准确进行故障判断仍是非常有意义的。

4.1 典型系统排故的思路和方法

对于一个系统故障来讲,可能的故障源有多有少。对于较少的故障源判断和分析较为容易。但故障源多的时候,常常可以采用分组的形式(如可以按照电气、液压管路、气体管路等某一支路进行分组),逐步缩小排查范围,逐步测试,甚至逐个换件,最终确定故障元件。

4.1.1 气体系统的排故思路和方法

现代民机的气体系统主要有空调系统、引气系统和氧气系统等,其性能要求主要体现为特定区域适当的温度、流量和压力控制,驱动做功的需求仅仅为供给起动机的压缩空气。而典型的二代军机的气体系统除了民机的气体系统功能需求之外,还有驱动刹车、应急放起落架、放减速伞等驱动要求。

气体系统常见的故障主要有两类:一类是外部密封性不满足要求。另一类是功能性故障,如温度控制、流量控制、工作压力、运动速度的指标不满足要求。

对于外部密封性检查通常可在系统充压条件下,通过系统压力表的示值变化判断总体密封性;当总体密封性不满足要求时,再将整个系统划分成若干段,对各段充压后按照压力表示值的变化判断该段的密封性;当确定某段密封性不满足要求时,可对该段充压,然后在该段部附件连接等有外泄可能的位置涂抹肥皂水等,观察是否有气泡出现来最终确定泄漏部位。

对于功能性故障无论是温度、压力还是流量控制实际上都是由若干个元件串联在一起实现控制的。对于现代民机而言,其控制多为以传感器监测为基础的自动控制形式,当某功能失效时,除了气体系统本身的机械元件故障原因以外,还有可能是传感器等电控部分原因。虽然其检查过程较为复杂,但总体来讲,故障确认过程并没有什么大的变化。通常要经过测试判断,当支路上部附件数量较多时,可在该支路上加装检测设备,实现分段检测。

下面以某型飞机的刹车系统正常刹车时最大刹车压力不符合要求故障为例,说明气体系统故障诊断的方法和思路。

1. 故障描述

握压刹车手柄到底,刹车制动力不能有效地制动飞机。

2. 故障分析

某型飞机主轮刹车装置结构示意图如图 4-1 所示,其刹车制动力的大小由摩擦片的摩擦力决定,而摩擦力在摩擦片的表面情况及摩擦片数量不变的情况下,主要取决于作动筒所供入的气体压力。即主轮的最大刹车制动力主要取决于主轮最大刹车压力。

(1)某型飞机刹车压力控制原理。

某型飞机刹车系统原理图如图 4-2 所示,主机轮的刹车由正常刹车和应急刹车两部分组成。正常刹车部分由刹车调压器、刹车分配器、刹车放大器、前轮刹车开关和刹车压力自动调节装置(包括惯性传感器、放气活门、气压电门)等组成。

握压刹车手柄控制刹车调压器的系统原理如图 4-3 所示。握压刹车手柄时,通过刹车钢索传动,操纵刹车调压器工作。减压器来的冷气经刹车调压器、刹车分配器进入左右刹车放大器的操纵腔,控制刹车放大器打开,减压器来的冷气经刹车放大器、放气活门和两用活门进入左右主轮刹车盘。打开前轮刹车开关,从刹车调压器出来的冷气还可经前轮放气活门去前轮刹车盘刹车。

从刹车调压器来的冷气,还有一路到气压电门,接通刹车压力自动调节装置的电路。

如果刹车压力过大,惯性传感器即接通放气活门电路,使放气活门打开放气,解除拖胎。

松开刹车手柄时,主轮刹车盘内的冷气从刹车放大器放出,前轮刹车盘内的冷气从刹车调压器放出,使机轮解除刹车。

刹车压力的大小取决于握刹车手柄的轻重程度。握刹车手柄越重,经钢索带动控制刹车调压器顶杆运动的杠杆转角越大,刹车调压器的输出气压越大,控制刹车放大器操纵腔的气压越大,通过刹车放大器输入主轮刹车盘的刹车气压也越大。

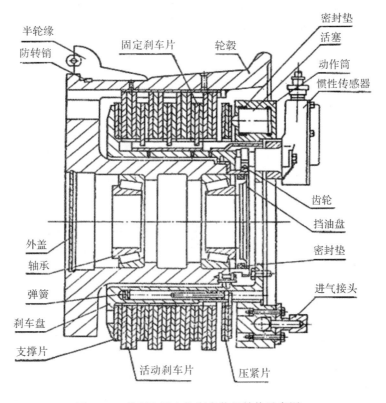

图 4-1　某型飞机主轮刹车装置结构示意图

(2)故障源分析。

由上述刹车压力控制原理可知,在调压器输出压力正常的情况下,主轮上的刹车压力由刹车调压器、刹车分配器、刹车放大器、放气活门、两用活门等元件控制。任何一个元件出现故障都有可能造成刹车压力不符合要求。

如果能对主轮刹车系统进行适当的分段,则可以准确、快速地定位故障源。刹车分配器后安装有双针压力表可用来指示刹车分配器后的控制压力,可利用双针压力表的显示将主轮刹车系统分成了两段,双针压力表前的元件为刹车调压器和刹车分配器;双针压力表后的元件为刹车放大器、放气活门和两用活门。为了确定各元件的状态是否正常,需要进行最大刹车压力的检查测试。

(3)某型飞机刹车系统最大刹车压力的检查要求。

1)最大刹车压力的检查分析。

由上述分析可知,主轮的刹车压力由刹车调压器间接控制,由放大器进行放大,主轮刹车用的冷气来自放大器而不是来自刹车调节器,座舱内双针刹车压力表不能指示出主轮刹车盘内的压力。因此,要准确地测量主轮刹车盘内正常刹车压力,必须拆开两个主支柱上的刹车两用活门到刹车盘的导管接头,并外接两个压力表。因此,某型飞机的最大刹车压力的检查图应如图 4-4 所示,安装的压力表量程应满足主机轮刹车盘最大压力的 1.5~2 倍要求。

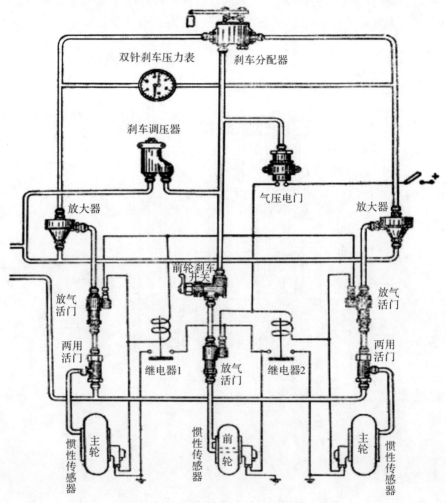

图 4-2　某型飞机刹车系统原理图

2)刹车气路中各个元件的正常工作状态。

某型飞机主轮刹车系统中,当握压刹车手柄到距离驾驶杆 5~10 mm 时,座舱内双针刹车压力表的指示应为(10.5±0.5) kgf/cm² ,双针刹车压力表两边的指示误差不大于0.5 kgf/cm² ,刹车压力由零上升到(10.5±0.5) kgf/cm² 的时间不大于 2 s。当双针压力表显示刹车压力为(10.5±0.5) kgf/cm² 时,主轮上刹车压力应该是(16±0.5) kgf/cm² 。

(4)某型飞机刹车系统最大刹车压力故障确认。

由上述检查点的设置和要求可以看出,该飞机刹车系统最大压力的检查主要通过双针压力表和两用活门后加装的压力表来判断,其检查结果无非以下四种情况:

1)双针压力表读数正常,两用活门后的压力表读数正常。这种情况即刹车系统正常工作的情况。

2)双针压力表读数正常,两用活门后的压力表读数不正常。双针压力表读数正常意味着双针压力表以前的元件工作正常,因此,故障只能在双针压力表到两用活门后压力表之间,在该区间内有放大器、放气活门和两用活门三个部件。如果两用活门后压力表仅仅是读数偏差超出了允许范围,就可以说明由放大器到两用活门后压力表之间的气路是贯通的,在两用活门和放气活门没有外部泄露的情况下,这两个部件不会影响到最大刹车压力。因此,故障就只能是放大器了。

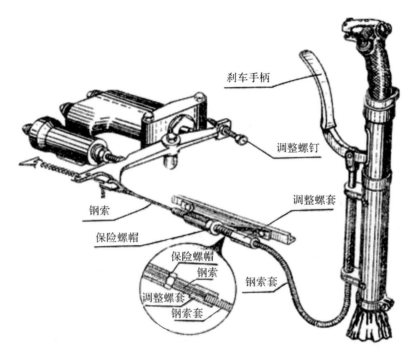

图 4-3   某型飞机刹车调压器操纵系统图

3)双针压力表读数不正常,两用活门后的压力表读数正常。双针压力表读数不正常意味着调压器的输出压力不正常,而此时两用活门后的压力表读数正常,说明放大器的工作也不正常。因此调压器和放大器均有故障。

4)双针压力表读数不正常,两用活门后的压力表读数不正常。双针压力表读数不正常意味着调压器的输出压力不正常,由于调压器对放大器的输出具有控制作用,因此,在这种情况下,暂时无法判定放大器是否存在故障,需要首先将调压器输出调整好后再观察两用或门后的压力表读数,此时如果不正常,才能判定放大器也存在故障。

综上所述,气体系统故障的确认是基于原理分析确定可能的故障源的基础上,采用一定的方法(如加装压力表)对系统进行适当的分段,通过功能测试进行故障源的确认。

4.1.2   操纵系统的排故思路

目前大型民航飞机和现代军机大多采用电传操纵系统,但机械操纵机构仍在电传系统中起到传递局部运动作用或作为应急系统还在广泛使用。对于机械操纵系统,除了可通过目视检查的变形、磨损、腐蚀等外部缺陷和损伤外,还有传动间隙大、操纵力大、操纵元件处于中立位置时,舵面不在中立位置上、舵面的转动角度不符合要求等功能性故障。

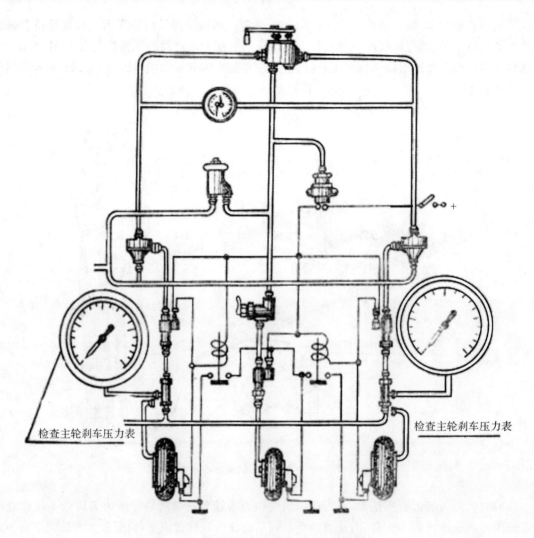

图 4-4 某型飞机最大刹车压力的检查图

对于传动间隙大、操纵力大等故障,一般可通过分段检查逐步缩小检查区域,逐段检查、判断磨损严重的部件或装配不合适的位置。

对于操纵元件在中立位置,而舵面不在中立位置的故障,对于电传系统来讲,原因可能有以下几方面:控制计算机输出信号误差、位置传感器超差、传动系统位置超差和传动系统阻滞等。电气部件的原因可以分别进行测试再判断。传动系统阻滞可分别检查各传动杆的运动是否干涉、检查各个连接部位的紧度、检查摩擦力等方面逐一排除。机械传动系统位置超差较为复杂,其表现主要有中立位置或极限位置不符合要求两类。下面以某型飞机平尾操纵系统为例进行故障确认说明。

1. 故障现象

某型飞机的平尾操纵系统的位置超差的故障表现有以下两类:中立位置不符合要求,即驾驶杆在中立位置,但平尾位置与中立位置要求超差;极限位置不符合要求,即将驾驶杆前推到极限位置或后拉到极限位置,平尾的转角不符合要求。

2.故障分析

(1)某型飞机平尾操纵系统原理。

某型飞机平尾操纵系统如图 4 - 5 所示,由驾驶杆前后推动,通过传动杆、摇臂、力臂调节器、液压助力器传动,最终驱动平尾转动。由调节片效应机构驱动载荷感觉器调节驾驶员杆力。

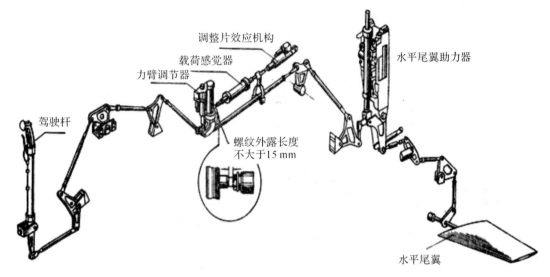

图 4 - 5　某型飞机平尾操纵系统图

力臂调节器根据表速和高度的变化,按一定规律自动调节力臂长度,调节传动系数和杆力梯度,保证飞机在各种情况下飞行时,单位过载的杆行程大致相同,而单位过载的杆力又能适应操纵系统,避免出现操纵过于迟钝或过于灵敏的现象。载荷感觉器用来提供驾驶员回力,给飞行员舵面的转角感受;液压助力器接受驾驶杆传来的位移信号,控制油路变化,通过液压能量驱动舵面转动。

(2)故障源分析。

由上述原理描述可知,平尾操纵系统是一个杆式机械传动系统,任何一个元件的位置变化都会造成位置超差的故障现象。传动系统中还有力臂调节器、载荷感觉器和液压助力器这些起到各自作用的特殊元件,这些元件也要求有各自准确的中立位置,以保证其输出符合设计要求。因此,中立位置要求以驾驶杆、力臂调节器、载荷感觉器、液压助力器和平尾舵面等元件都符合同时要求。为了不影响这些元件的中立位置,极限位置实际上仅仅由驾驶杆的限动螺钉来保证,即最大偏转角是在各元件中立位置准确的条件下,以驾驶杆限动螺钉来调整。

因此某型飞机平尾操纵系统的中立位置故障源有驾驶杆、力臂调节器、载荷感觉器和平尾舵面。理论上讲,这些故障源的中立位置可以通过其连接的摇臂和传动杆进行调整。实际上,为了简化调整,通常将传动杆做成可以调整的元件,而摇臂不做调整。

(3)故障源检查。

为了确认某型飞机平尾操纵系统位置超差的故障源,需要进行该传动系统的功能检查,检查内容可以归结为驾驶杆 K 值、平尾最大偏转角、$J_{偏移}$ 和 $J_{平均}$ 等四个指标值。

1)驾驶杆 $K_{值}$。

$K_{值}$ 表示平尾处于 0°位置时驾驶杆位置,反映了驾驶杆与平尾舵面的对应关系,即平尾操纵系统总体初始位置对应关系。其位置如图 4-6 所示。

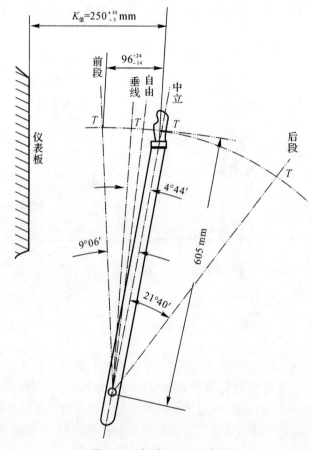

图 4-6 驾驶杆 $K_{值}$ 示意图

驾驶杆的位置用驾驶上的假定施力点 T(距驾驶杆转轴 605 mm 处的冲点)到仪表板的垂直距离表示。在调整片效应机构处于中立位置、力臂调节器处于大臂条件下,当平尾处于 0°位置(平尾位置用平尾左半部前缘 55 测量点与机身 54 测量点重合时),驾驶杆 T 点到仪表板的垂直距离称为 $K_{值}$,应为 250 mm。

由上述定义可以看出,驾驶杆 $K_{值}$ 实际上反映了整个平尾操纵系统初始位置的对应关系,即驾驶杆与平尾在中立位置时的对应关系。如果该值不符合要求,就说明驾驶杆位置不准确。

2)平尾最大偏转角。

驾驶杆前推、后拉到极限位置(碰到限动钉)时,平尾达到的最大偏转角,反映平尾操纵系统的极限位置对应关系。当力臂调节器处于大力臂和小力臂两种不同位置时,同样前推、后拉驾驶杆到极限位置,平尾达到的最大偏转角不相同。其对应要求如表 4-1 所示。

该参数反映了平尾操纵系统极限位置是否符合要求,显然要使得该参数符合要求,前提条件是各个元件的初始位置符合要求。因此,在其他参数都符合要求的基础上,通过调整驾驶杆限动螺钉来调整整个系统的极限位置即可使该参数符合要求。

表 4-1　平尾最大偏转角要求

驾驶杆最大行程		平尾旋转方向	大力臂	小力臂
			最大偏转角	最大偏转角
向前/mm	120～82	平尾前缘向上	15°～11.5°	7.5°～4°
向后/mm	234～196	平尾前缘向下	29°～27°	16°～14°

3）偏移量 $J_{偏移}$。

当平尾处于 0°位置（55 点与 54 点重合），固定驾驶杆，由大力臂变到小力臂时，平尾前缘在力臂调节器变臂带动向下偏转的位置，即 55 点与 54 点间的垂直投影距，其数值为 10～19 mm。

该参数实际上反应的是力臂调节器与平尾的对应关系，该参数如果不符合要求，就说明力臂调节器到平尾舵面之间的传动系数不符合要求。即如果以平尾舵面为基准，该参数异常说明力臂调节器安装角不准确。

4）$J_{平均}$。

在调整片效应机构处于中立位置，力臂调节器处于大臂位置条件下，松杆时平尾前缘所处的位置，反映载荷感觉器与平尾间的对应关系。其值为（10±2）mm。

该参数实际上反应的是载荷感觉器与平尾的对应关系，该参数如果不符合要求，就说明载荷感觉器到平尾舵面之间的传动系数不符合要求。即如果以平尾舵面为基准，该参数异常则说明载荷感觉器位置不准确。

4.故障源的定位

由上述指标定义可以看出，$K_{值}$规定了驾驶杆与平尾舵面间的初始对应关系，保证了操纵元件在中立位置时，舵面的初始状态，但由于中间元件数量较多，要保证在正反两个行程运动过程中，各元件不发生干涉，并且满足传动系数要求，还需要分别规定 $J_{偏移}$ 的值，保证力臂调节器在整个操纵系统中立位置时的初始位置；规定 $J_{平均}$ 值，保证载荷感觉器在整个操纵系统中立位置时的初始位置。用最大偏转角规定舵面的最大转动角度，由于其他三个参数对操纵系统的传动比和传动系数的影响，最大偏转角的限制采用驾驶杆运动限动钉的形式实现。

对该型飞机平尾操纵系统而言，其位置超差的检查，就归结为上述 4 个参数值的检查，即逐次执行这四个参数的检查工作单，判断其是否符合要求。检查顺序依次为 $K_{值}$、$J_{平均}$、$J_{偏移}$，最后是最大偏转角。根据检查结果，可能会出现一个或多个参数不满足要求，情况，即可断定故障源所在。

4.1.3　液压系统的排故思路

液压系统由于其具有输出功率高、体积小等突出优点被广泛应用于军、民机执行系统中。对于民机而言，液压系统内容分布在多个系统章节中，如 29 章（液压源）、32 章（起落架）、27 章（操纵系统）等。因此其故障也随章节被拆分。

液压系统常见的故障现象主要有三类：一是外部泄露。这类故障通常通过目视检查管路接头和元件表面的油迹即可判断故障源，属于较为容易确定的故障。二是功能性故障。在民机排故手册中，这类故障主要有：液压压力低、液压压力高、瞬时压力低、液压油外漏、液压油量指示误差大、振动、运动顺序不符合要求、选择阀故障、起落架舱门不动作或不能完全打开、分配器不能正常工作、控制信号故障、接近传感器故障、刹车伺服阀误差大、刹车过热、前轮转向失控等。军用飞机液压系统的功能性故障主要描述为：运动速度慢、行程不足、协调性不满足要求等。无论军机还是民机，这些故障通常都要通过功能测试进行故障点的定位。三是内部泄露。内部泄露会影响液压系统执行元件的运动速度，这类故障后面专门介绍。

对于功能性故障，由于飞机液压系统组成不同，液压系统出现故障的描述存在差异，但是总体来讲：组成部件失效、运动行程不足、运动失效、运动协调性不满足要求等故障是类似的，但民机液压系统控制多采用多传感器进行各执行对象的位置检查，以智能控制核心驱动，并能将其状态在 ECAM 上显示出来。出现故障后，也常常可以通过测试系统进行故障确认，相比二代军机而言，其排故过程大量混杂电控系统的故障。

为说明液压系统故障确认过程，以某型发动机喷口收放控制系统故障为例说明液压系统排故思路。

1. 故障现象

某型发动机喷口面积变化过程中，喷口截面呈现椭圆形状，喷口面积不符合要求。

2. 故障分析

某型发动机喷口收放控制系统是以电位器为喷口位置反馈的机电液伺服系统，但在喷口面积变化的过程中，控制液压执行部分的电磁线圈一直供电，此处我们可以暂不考虑电控系统的影响，仅仅考虑液压执行部分的故障源。

（1）某型发动机喷口收放系统液压执行部分工作原理。

某型发动机喷口收放系统液压执行部分如图 4-7 所示，其由电磁开关（一个）、作动筒（三个）、定量器（二个）、同步活门（六个）、调节环（一个）组成。工作时，由电磁开关控制油路同时进入三个作动筒，使得作动筒共同带动调节环实现喷口面积收放。由原理图可以得知，电磁开关的线圈状态决定高压油路的流向，即控制作动筒活塞的运动方向，表现为喷口面积的扩张或收敛。同步活门控制通过作动筒的回油流量，即控制作动筒活塞的运动速度。定量器的目的在于防止其后的管路破损进而出现可能的大量液压油泄露而截止油路。

（2）故障源分析。

从上面的原理描述可知，出现喷口面积收放过程中喷口呈现椭圆现象，显然是由于三个作动筒运动速度不一致所导致的，因此故障源为 6 个同步活门的流量限定不一致。

3. 故障源确认

前已述及，喷口呈椭圆形说明 6 个同步活门所限定的回油流量不一致，但到底是那个回油流量大了还是某个回油流量小了还需要进一步进行测试才能判定。

为此可以通过喷口收放速度的检查来判断：如果收喷口的时间符合要求，说明对应的 3 个同步活门限定的流量正常。如果收放喷口的过程中，某作动筒运动速度过快或过慢，则显然该作动筒对应的收放运行的同步活门限定流量与其他同步活门存在较大差异。结合收放速度，如果总体速度符合要求，则说明使作动筒动作过快或过慢的同步活门出现故障，如果总体速度过慢或过快，则说明其他的同步活门有故障。

综上所述，液压系统往往设有独立完成某项性能指标的元件，如果某项性能参数不符合要求，对液压执行部分来讲，则主要考虑控制该参数的元件故障。

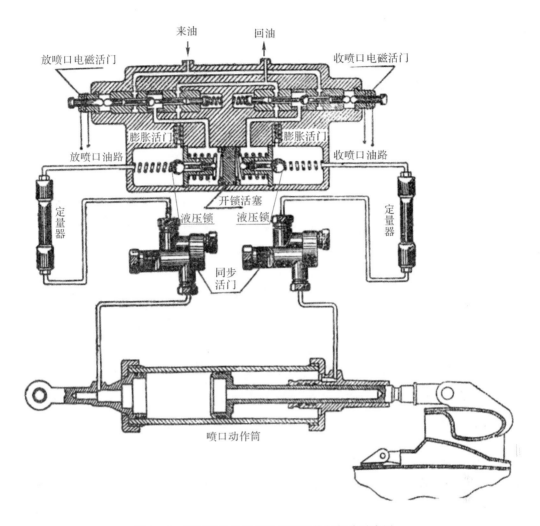

图 4-7　某型发动机喷口收放液压执行部分示意图

4.1.4　流体系统密封性的排故思路

军、民用飞机系统中均存在相当多的流体介质系统,如氧气系统、空调系统、液压系统、燃油系统等,这些系统介质的泄漏往往会导致严重的后果,所以对这些系统的密封性均提出了非常具体的指标要求。

流体系统的密封性故障按照泄漏形式的不同可以分为外部密封性和内部密封性两种情况。

外部密封性是指流体泄漏到系统外部,通常可通过充压条件下的目视检查查找较明显的漏点,甚至对于油液系统,仅仅凭借外部的油迹在非充压状态下就能判断。对于要求较高的结构油箱等部件,还需要通过专门的设备进行微量泄漏检测。这时,一般要求系统完全处于非工作状态,才能开展检查工作。但总体来讲,外部泄漏点的检查相对还是较为容易的。

内部密封性是指高压侧介质泄漏到低压侧的现象,对于气体系统来讲,一般没有低压回路,该故障不太可能出现。所以内部密封性故障主要对象是液体系统。内部密封性检查一般较为复杂,甚至需要逐段逐件排查。下面以液压系统内部密封性故障为例说明流体内部密封性故障的检查思路。

1.故障现象

液压系统内部密封性往往在外部表现为作动筒运动速度慢。

2.故障源分析

对于每个同时接通高压和低压回路的元件(如液压泵、安全活门、电磁开关、作动筒等),其高压侧和低压侧均存在可能的泄漏通道,因此这类元件的内部泄漏总是客观存在的,其标准是其泄漏量在一定范围之内。因此这些元件都是可能的故障源。

3.排查方法分析

单个元件的内部密封性是以单位时间内从高压侧向低压侧的泄漏液体体积来表征的。对于整个液压系统,所有可能产生内部泄漏的元件的内部泄漏量总和即反映为系统内部密封性,即系统的内部密封性指标是用一定时间内所有元件的泄漏量的液压体积来表征的。如果能检测到单位时间整个系统高压侧的液体损失体积,就能得到系统的内部泄漏量参数。

民机手册中提供了二类测量方法:一是通过流量传感器(可以装在地面供油泵侧,也可以装在泄漏通道位置)进行直接测量;二是通过安装在电动供油泵上的电流表间接表征供油量。

军机维护规程中提供了另一种检查方法,其基本过程如下:首先在系统油位和蓄压器充压压力符合要求的情况下,对系统进行增压到规定值,而后开始计时,观察系统压力表的示值变化。如果在规定时间内压力下降值小于规定值,即表明内部密封性符合要求。其测试机理为:液压系统内部蓄压器内填充的气体量固定,当系统压力升高时,气体被压缩,液压油占据蓄压器一定的空间;当系统压力降低时,气体又可以逐渐膨胀,将蓄压器内部的油液挤出去,使得系统压力逐渐降低。蓄压器压力的降低值与气体的膨胀量相关,即反映了从蓄压器内挤出补偿液压系统高压侧空间的液体量的大小,因此,蓄压器压力的变化就反映了泄漏量的大小。

4.故障源排查过程

进行液压系统内部密封性排查工作以前,一般先要确认系统的外部密封性是否符合要求。因为前面描述的测量方法并不能区分是内部还是外部泄漏,即存在外部泄漏的情况下,将使得测试数值增大,对测试结果产生较大的影响。

内部密封性的检查一般按照先总体再局部的原则进行,因为如果整个系统的内部密封性满足要求,说明系统总的泄漏量在允许范围内,就可以不用进行后续的检查了。只有总体不满足要求时,才需要进一步确定泄漏点位置,即进行进一步分段具体排查。

分段检查时,一般可以关闭(隔离)某个液压支路,这时检测到的系统内部密封性指标如果符合要求,即可断定超差元件出现在被关闭的支路上。

如果一个支路上有多个可能产生内部泄漏的元件,根据民机手册中提供的测量方法,因为要使供油泵工作,所以不能断开回油路进行直接判断,只能逐个控制其工作,观察流量测量值进行判断。军机测试方案则可以断开回油管路,在回油管路接头位置直接以量杯量取泄漏值。

因为各附件实际使用的磨损情况差异,在不同位置的泄漏量可能会出现差异,所以在进行检查时,应在不同的状态下分别检查,只有所有状态都满足要求时,才能判定内部密封性符合要求。

4.2　典型民机系统故障的排查流程

现代民航飞机基本上都装配有由较多传感器和综合航电系统组成的中央维护系统。故障信息来源往往有以下两大类：一类是被检测到的故障，另一类是不能被检测到的故障。

被检测到的故障来源主要有：飞机电子中央监控系统警告（ECAM warnings）、电子仪表系统提示（EFIS flags）、机舱的警告信息（local warnings）和中央故障显示系统的故障信息（CFDS fault messages）；不能被检测到的故障主要来自于机组和机务人员的维护检查时发现的各种异常情况。

一般飞机落地后，机务人员首先对飞机进行绕机检查，再阅读航后报告单（Post Flight Report - PFR），查看是否存在异常情况，然后对检查到的异常情况进行必要的检测，以确认故障。A320 飞机的故障处理过程如图 4 - 8 所示。

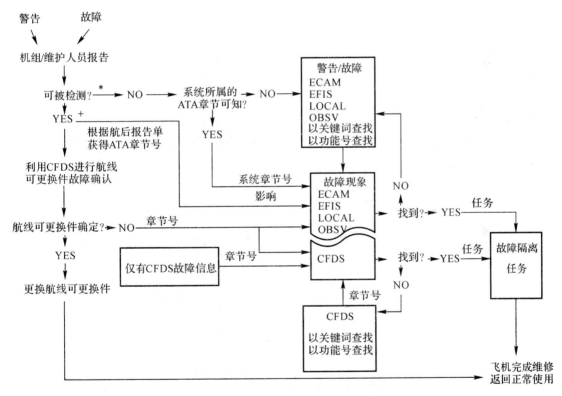

图 4 - 8　A320 飞机故障排除流程图

因为目前民用飞机均提供了较为完善的技术手册，在确认故障现象后，即可通过故障现象查找故障隔离手册（FIM -波音）或排故手册（TSM -空客）并执行相应的故障隔离程序，一般即可修复异常。

4.2.1　典型民机空调系统典型故障处理程序

以 A320 飞机空调系统漏入滑油为例，说明民机气体系统典型排故程序如下。

空调系统漏入滑油（Oil in the Air Conditioning System，任务 21 - 00 - 00 - 810 - 801）

1. 可能的原因

1）外部油液泄漏；

2）辅助动力单元；

3）发动机。

2. 工作准备信息

A. 参考信息。

参考	描述
49 - 00 - 00 - 810 - 846	客舱中有烟/辅助动力系统排气管道中有油烟(GTCP36 - 300)
49 - 00 - 00 - 810 - 921	客舱中有烟/辅助动力系统排气管道中有油烟(APS3200)
49 - 00 - 81 - 810 - 874	辅助动力装置-客舱有油烟(131 - 9(A))
71 - 00 - 00 - 810 - 802	客舱有烟或者滑油气味
AMM 21 - 00 - 00 - 615 - 001	当温度在 24℃以下，环境控制系统进行净化
AMM 21 - 00 - 00 - 615 - 002	当温度在 24℃以下，环境控制系统进行净化
AMM 49 - 11 - 11 - 000 - 001	辅助动力装置的拆除- 4005KM(GTCP 36 - 300)
AMM 49 - 11 - 11 - 000 - 003	辅助动力装置的拆除(APU)(APS 3200)
AMM 49 - 11 - 11 - 000 - 004	辅助动力装置的拆除(APU)(131 - 9(A))
AMM 49 - 11 - 11 - 400 - 001	辅助动力装置的安装(APU)- 4005KM (GTCP 36 - 300)
AMM 49 - 11 - 11 - 400 - 003	辅助动力装置的安装(APU)(APS 3200)
AMM 49 - 11 - 11 - 400 - 004	辅助动力装置的安装(APU)(131 - 9(A))

3. 故障确认

如果客舱中有油味，拆除辅助动力系统引气通风道的前端引气控制阀（参考 AMM 任务 49 - 11 - 11 - 000 - 003）。

4. 故障隔离

A. 如果辅助动力系统引气通道有油：

检查辅助动力装置和滑油外部油液泄漏。

(1)如果存在滑油的外部油液泄漏现象：

一采取必要的措施阻止滑油外漏；

一清洁并安装辅助动力系统引气管（参考 AMM 任务 49 - 11 - 11 - 400 - 003）；

一执行辅助动力单元（APU）排故程序（参考任务 49 - 00 - 00 - 810 - 921）并且对环境控制系统（ECS）系统进行净化（参考 AMM 任务 21 - 00 - 00 - 615 - 001）或（参考 AMM 任务 21 - 00 - 00 - 615 - 002）。

(2)如果没有滑油外漏现象：

一清洁辅助动力系统引气导管；

　　—安装辅助动力系统引气导管（参考 AMM 任务 49 - 11 - 11 - 400 - 003）；

　　—执行 APU 的故障排除程序（参考任务 49 - 00 - 00 - 810 - 921）并且对 ECS 系统进行净化（参考 AMM 任务 21 - 00 - 00 - 615 - 001）或（参考 AMM 任务 21 - 00 - 00 - 615 - 002）；

　　—执行发动机的故障排除程序（参考任务 71 - 00 - 00 - 810 - 802）。

4.2.2　典型民机燃油系统典型故障处理程序

以燃油主传送系统自动控制失效故障为例，说明民机燃油系统故障排除程序如下。

燃料主传输系统-自动控制失效（任务 28 - 26 - 00 - 810 - 801）

警告：遵守燃油安全程序。

1. 可能的原因

　　—燃油液面传感控制组件-1(7QJ)。

　　—燃油液面传感控制组件-2(9QJ)。

　　—中央油箱低液位传感器 21QJ、22QJ。

　　—左(右)满油位传感器 23QJ1(2)。

　　—左(右)左机翼低油位传感器 24QJ1(2)。

　　—左(右)左侧油箱内部低油位传感器 25QJ1(2)。

　　—左(右)左侧油箱低油位传感器 26QJ1(2)。

　　—左(右)满油位传感器 27QJ1(2)。

　　—1 号中央油箱的自动控制继电器(7QL)。

　　—1 号中央油箱的低液面控制继电器(9QL)。

　　—飞机相关线路。

　　—2 号中央油箱的自动控制继电器(8QL)。

　　—2 号中央油箱的低液面控制继电器(10QL)。

2. 工作准备信息

A. 参考信息。

参　　考	描　　述
28 - 26 - 00 - 810 - 815	中央油箱自动转换警告/故障隔离程序
ESLD01 - 28 - 405	
ESPM20 - 00 - 00	
ESPM20 - 52 - 21	
ESPM20 - 52 - 22	
AMM12 - 11 - 28 - 650 - 003	自动控制压力加油
AMM28 - 25 - 00 - 650 - 001	压力放油
AMM28 - 25 - 00 - 869 - 001	燃油传输
AMM28 - 26 - 00 - 710 - 001	主传输系统的操作测试
AMM28 - 46 - 00 - 740 - 001	利用机内自检设备(BITE)进行功能测试

续表

参 考	描 述
AMM28－46－34－000－001	拆卸燃油液位传感控制组件(FLSCU)(7QJ,9QJ)
AMM28－46－34－400－001	安装燃油液位传感控制组件(FLSCU)(7QJ,9QJ)
AMM31－60－00－860－001	电子仪表系统启动程序
ASM 28－26/02	

3. 故障确认

A. 概述。

在飞机电子中央监控的正常操作期间,燃油-自动控制故障会给出构型警告。

注意:飞机电子中央监控警告仅出现在确定的飞行阶段,并且是由飞行警告计算机控制(参考 ESLD01－28－405)。

该警告功能也可由中央油箱模式选择器按钮(4QL)触发。

注意:只有当按钮电门处于自动位置时,故障出现。

当加油位置不正确或燃油未按正确顺序使用时,上述警告出现。

如果燃料分配如下,则出现警告:

—左翼油箱小于 4 950 kg 和中央油箱超过 300 kg;

—右翼油箱小于 4 950 kg 和中央油箱超过 300 kg。

—如果燃料分配变化如下,则重置警告:

—左翼油箱小于 5 000 kg 或中央油箱超过 250 kg;

—右翼油箱小于 5 000 kg 或中央油箱超过 250 kg。

—上述警告由燃油量指示计算机 3QT 控制,并且根据油位变化,出现警告或警告消除。

燃油量指示计算机警告/故障信号传输如下:

—飞行警告计算机与飞机电子中央监控之间的两条通信总线。

—按钮电门-中央油箱模式选择器(4QL)之间的一条信号线。

B. 准备测试 1。

检查飞机日志,尝试找出初始/重复故障时的燃料配置,并将其与要求的燃料配置进行比较。

如果在加油时给出警告/故障:

—是,进行 TSM 程序(参考任务 28－26－00－810－815);

—不是(或者警告不是在加油时发出的),进行步骤 3.C。

C. 准备测试 2。

进行功能自检(BITE)测试(参考 AMM 任务 28－46－00－740－001)。

1)检查燃油液位传感系统状态(FLSS STATUS)页面中的一条或多条消息如下:

—燃油面传感控制组件(2)7QJ(9QJ)

—中央油箱低液位传感器 21QJ、22QJ

—左(右)满油位传感器 23QJL(2)

—左(右)左机翼低油位传感器 24QJL(2)

—左(右)左侧油箱内部低油位传感器 25QJL(2)

—左(右)左侧油箱低油位传感器 26QJL(2)

—左(右)满油位传感器 27QJL(2)。

2)如果:

—显示出上述的一条或多条消息,则在进行步骤 3.D 之前,检查并排除航线可换件(LRU)故障。

—没有显示上述消息,则进行步骤 3.D。

D.测试。

主传输系统的操作测试(参考 AMM 任务 28 - 26 - 00 - 710 - 001)

如果在测试期间:

—发现手动模式的燃油传输故障,则启动自动模式。

—在启动自动模式之前进行故障排除。

—自动控制系统不能按要求运行,则进行步骤 4.A。

—执行中央油箱自动传输警告和/或故障隔离程序(参考 AMM 任务 28 - 2600810 - 815)。

—若主传输系统按要求运行,则不用进行故障排除。

4.故障隔离

A.程序。

(1)自动控制压力加油(参考 AMM 任务 12 - 11 - 28 - 650 - 003),压力放油(参考 AMM 任务 28 - 25 - 00 - 650 - 001)或燃油传输(参考 AMM 任务 28 - 25 - 00 - 869 - 001)。

燃油分配如下:

—左翼油箱 5 100 kg;

—右翼油箱 5 100 kg;

—中心油箱超过 300 kg。

(2)启动飞机电子中央监控系统(ECAM)(参考 AMM 任务 31 - 60 - 00 - 860 - 001)。

—在 ECAM 控制面板上:

—按下燃油按钮电门显示燃油页面。

—确保在飞机电子中央监控下部显示屏上显示燃油页面单位(DU)。

(3)在驾驶舱顶板 40VU:

1)将中央油箱模式选择器(4QL)按钮电门之间设置(推入)为自动。

2)将所有机翼油箱燃油泵按钮电门设置(推入)为 ON。

3)将中央油箱左和右转换按钮电门设定(推入)为 ON。

(4)在飞机电子中央监控系统下部 DU 处,检查燃油页面。

如果中央油箱左侧转换显示,执行步骤(5);如果中央油箱右侧转换显示,执行步骤(6)。

(5)互换燃油面传感控制组件 1(7QJ)和燃油面传感控制组件 2(9QJ)(参考 AMM 任务 28 - 46 - 34 - 000 - 001)和(参考 AMM 任务 28 - 46 - 34 - 400 - 001)。

1)进行步骤 3.D.中的测试。

2)检查飞机电子中央监控系统下部多功能显示器(DU)上的燃油页面。

a.如果左侧转换:

正确操作并显示,则更换初始燃油面传感控制组件-1(7QJ)(参考 AMM 任务 28 - 46 - 34 -000 - 001)和(参考 AMM 任务 28 - 46 - 34 - 400 - 001)。

无法正确操作并显示,则请执行步骤3)。

3)进行检查(参考 ASM 28 - 26/02)并在必要时更换以下项目:

1 号中央油箱的自动控制继电器(7QL);

1 号中央油箱的低液面控制继电器(9QL)。

4)从燃油面传感控制组件-1(7QJ)位置中移除燃油面传感控制组件(参考 AMM 任务 28 -46 - 34 - 000 - 001)。

5)对下列的飞机线路进行检查(参见 ASM28 - 26/02):

燃油面传感控制组件 1 连接器 7QJ - AA 的销钉 11D 和继电器 7QL 的端子 X2(逻辑端子 2 与中央油箱左液位传感器连线);

燃油面传感控制组件 1 连接器 7QJ - AA 的销钉 8B 和继电器 9QL 的端子 X2(中央油箱 左低液位(接地)连线);

继电器 9QL 的端子 B1 和继电器 7QL 的端子 X2(中央油箱左低液位 + 300 s(接地) 连线)。

注意:线路检查的方法可以是:

—连续性检查(参考 ESPM 20 - 52 - 21);

—小段回路接地检查(参考 ESPM 20 - 52 - 22);

—小段回路与相邻电线短路检查(参见 ESPM 20 - 52 - 22)。

6)修理所有无法使用的接线和连接器(参见 ESPM 20 - 00 - 00)。

7)安装燃油面传感控制组件(7QJ)(参见 AMM 任务28 - 46 - 34 - 400 - 001)。

8)进行步骤 3. D. 中的测试。

(6)互换燃油面传感控制组件 2(9QJ)和燃油面传感控制组件1(7QJ)(参考 AMM 任务 28 - 46 - 34 - 000 - 001)和(参考 AMM 任务 28 - 46 - 34 - 400 - 001)。

1)进行步骤 3. D 中的测试。

2)检查飞机电子中央监控系统下显示器上的燃油页面。

如果右侧转换:

正常操作并显示,则更换初始燃油面传感控制组件 2(9QJ)(参考 AMM 任务 28 - 46 -34 - 000 - 001);

没有进行操作并显示,则执行步骤3)。

3)进行检查(参考 ASM28 - 26/02)并在必要时更换以下项目:

2 号中央油箱的自动控制继电器(8QL)。

2 号中央油箱的低液面控制继电器(10QL)。

4)从燃油面传感控制组件 2(9QJ)位置中移除燃油面传感控制组件(参考 AMM 任务28 - 46 - 34 - 000 - 001)

5)对下列端子之间的飞机线路进行检查(参见 ASM28 - 26/02):

燃油面传感控制组件 2 连接器 9QJAA 的销钉 11D 和继电器 8QL 的端子 X2(逻辑端子 2/中央油箱右传感器连线);

燃油面传感控制组件 2 连接器 9QJAA 的销钉 8B 和继电器 10QL 的端子 X2(中央油箱右

低液位(接地)连线);

继电器 10QL 的端子 B1 和继电器 8QL 的端子 X2(中央油箱右低液位＋300 s(接地)连线)。

注意:线路检查的方法是:

连续性检查(参考 ESPM20－52－21);

小段回路接地检查(参考 ESPM 20－52－22);

小段回路与相邻电线短路检查(参见 ESPM 20－52－22)。

6)修理所有无法使用的接线和连接器(参见 ESPM20－00－00)。

7)安装燃油面传感控制组件 2(9QJ)(参考 AMM 任务 28－46－34－400－001)。

8)进行步骤 3.D 中的测试。

4.2.3　典型民机操纵系统典型故障处理程序

下面以 A320 飞机可调式水平安定面的作动筒故障为例,说明民机操纵系统故障排除的一般过程:

可调式水平安定面的作动筒故障(任务 27－40－00－810－807－A)

1.可能的原因

作动筒(9CE);

位置传感器单元;

俯仰调整作动筒。

2.工作准备信息

A.固定装置、工具、检测和支持设备。

参　考	数　量	名　称
(0U190360)	1	可调式水平安定面作动筒输入手柄的校装销
(98D27403000000)	1	固定工具-配平操纵下部轴

B.参考信息。

参　考	名　称
AMM 27－401－00－210－001	可调式水平安定面机械控制的详细目视检查
AMM 27－141－00－260－002	俯仰控制轮盘指针的目视检查
AMM 27－141－00－260－003	后部可调式水平安定面控制钢索的目视检查和润滑(71 号隔框和可调式水平安定面作动筒之间)
AMM 27－41－00－220－001	检查可调式水平安定面微调控制器的钢索张力调节器(指针的极限值)
AMM 27－401－00－720－001	可调式水平安定面-作动筒超行程后与机械指示器相关的功能测试
AMM 27－401－00－730－001	可调式水平安定面作动筒电气控制系统测试

续表

参 考	名 称
AMM 27 - 41 - 41 - 000 - 001	拆卸俯仰配平控制机构
AMM 27 - 41 - 41 - 41 - 00 - 00001	安装俯仰配平控制机构
AMM 27 - 41 - 42 - 000 - 001	拆除钢索张力调节器
AMM 27 - 41 - 42 - 42 - 400 - 00001	安装钢索张力调节器
AMM 27 - 41 - 43 - 000 - 001	拆卸俯仰配平控制器止动块和齿轮组件
AMM 27 - 41 - 43 - 300 - 0000001	安装俯仰配平控制器止动块和齿轮组件
AMM 27 - 41 - 44 - 000 - 001	拆除可调式水平安定面控制钢索
AMM 27 - 41 - 44 - 00 - 0000001	安装可调式水平安定面控制钢索
AMM 27 - 44 - 51 - 000 - 001	拆卸可调式水平稳定器(可调式水平安定面)作动筒
AMM 27 - 44 - 51 - 00 - 0000001	安装可调式水平稳定器(可调式水平安定面)作动筒
AMM 27 - 44 - 56 - 000 - 001	从可调式水平安定面作动筒上拆下位置传感器
AMM 27 - 44 - 56 - 00 - 00001	将位置传感器安装到可调式水平安定面作动筒上
AMM 27 - 44 - 57 - 000 - 001	从可调式水平安定面作动筒上拆下螺距调节作动筒
AMM 27 - 44 - 57 - 00 - 0000001	将螺距调节作动筒安装到可调式水平安定面作动筒上
AMM 27 - 96 - 00 - 710 - 022	可调式水平安定面作动筒电气控制的操作测试(进行自测设备测试)
AMM 27 - 96 - 74 - 001	用自测设备对电传式飞行操作系统进行测试(地面检查)
AMM 53 - 59 - 00 - 110 - 001	第 70 号隔框外部单排水管的操作检查

可调式水平安定面机械控制图,如图 4-9 所示

3. 故障确认

子任务 27 - 40 - 00 - 700 - 062 - A

A. 不适用。

4. 故障隔离

子任务 27 - 40 - 00 - 810 - 056 - A

A. 检查可调式水平安定面作动筒的上下连接件:

检查可调式水平安定面作动筒上下连接件的完整性(参考 ISB27 - 1164)。

(1)如果检查结果不符合要求:

更换可调式水平安定面作动筒(9CE),参考 AMM 27 - 44 - 51 - 000 - 001 和 AMM 27 - 44 - 51 - 00 - 0000001。

(2)如果检查结果符合要求:

1)进行可调式水平安定面作动筒控制的运行测试,参考 AMM 27 - 96 - 00 - 710 - 022。

注意:保持绿色和黄色液压系统加压。

2)进行电传飞行操作系统的自测设备测试(地面检查),参考 AMM 27 - 96 - 00 - 740 -001。

注意:保持绿色和黄色液压系统加压。

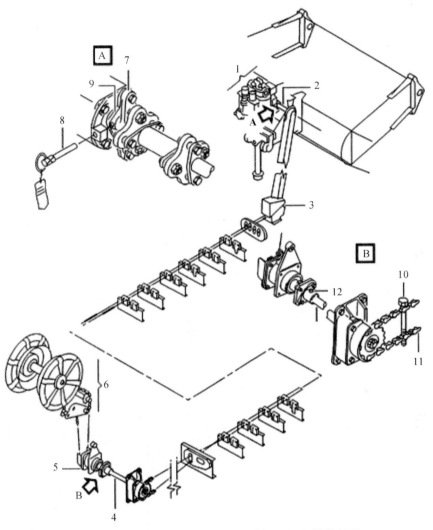

图 4 - 9   A320 飞机可调式水平尾翼(THS)机械控制图

a.如果电传飞行操作系统测试给出如下维护信息,则 2 号升降舵副翼计算机中可调式水平安定面的作动筒(9CE)位置错误;1 号升降舵副翼计算机中可调式水平安定面的作动筒(9CE)位置错误;2 号扰流板升降舵计算机中可调式水平安定面的作动筒(9CE)位置错误。

则执行步骤 4.B。

b.如果电传式飞行操作系统测试没有给出维护信息:

不需要维护操作。

子任务 27 - 40 - 00 - 810 - 061 - A

B.可调式水平安定面-作动筒超出行程后与机械指示器相关的功能测试,参考 AMM 27 - 401 - 00 - 720 - 001。

注意:保持绿色和黄色液压系统加压。

(1)如果发现压力没有达到:

对绿色和黄色液压系统进行减压并执行步骤4.C。

(2)如果发现压力达到:

1)确保尾锥下部区域没有水或冰。

如果发现水或冰,请将其取出并确保排水管没有堵塞,参考 AMM 53－59－00－110－001。

2)从可调式水平安定面作动筒(1)上断开轴(2)(参见可调式水平安定面机械控制表1)。

a.将俯仰调整控制轮置于零位置。

b.将可调式水平安定面作动筒输入手柄的校装销(0U190360)(8)放在可调式水平安定面作动筒(1)上的适当位置。

c.断开机械系统连接板(7)与输入杆(9)的连接。

d.将俯仰调整控制轮从一个极限位置转到另一个极限位置并返回到中间位置:

－如果压力没有达到,请更换可调式水平安定面作动筒(9CE),参考 AMM 27－44－51－000－001 和参考 AMM 27－44－51－400－001。

－如果压力达到,执行以下步骤:

3)将轴(4)从止动块和齿轮组(5)上断开(见细节 B):

a.在驱动轴(4)上安装固定工具-配平操纵下部轴(98D27403000000)。

b.将标准锁紧螺栓(10)安装在链条(11)上。

c.取下锥形销(12)。

d.将俯仰调整控制轮从一个极限位置转到另一个极限位置并返回到中间位置:

－如果发现压力没有达到,转到步骤5)。

－如果发现压力达到,转到步骤4)。

4)检查俯仰调整控制机构(6)以及止动块和齿轮组(5)的机械部分是否出现故障:

a.执行此排故措施:

更换俯仰调整控制机构,参考 AMM 27－41－41－000－001 和 AMM 27－41－41－41－00－00001。

或者更换俯仰调整控制止动块和齿轮组单元,参考 AMM 27－41－43－000－001 和 AMM 27－41－43－400－001。

b.将轴(4)连接到止动块和齿轮组(5);

－安装锥形销(12)。

－拆下标准锁紧螺栓(10)。

－拆下固定工具-配平操纵下部轴。

c.将轴(2)连接到可调式水平安定面作动筒(1):

－将机械系统连接板(7)连接到输入杆(9)。

－拆下可调式水平安定面作动筒机械输入杆的索具销(8)。

d.转到步骤7)。

5)检查钢索张力调节器。

－目视检查钢索张力调节器(3):

a.确保钢索正确安装在滑轮中。

b.确保索具尺寸指数位于钢索张力调节器上的正确位置。

c.检查可调式水平安定面调节控制器的钢索张力调节器,参考 AMM 27-41-00-220-001。

如果故障修复,转到步骤 6)。

如果故障未修复,执行以下排故措施:

更换钢索张力调节器,参考 AMM 27-41-42-000-001 和 AMM 27-41-42-42-400-00001。

将轴(2)连接到可调式水平安定面作动筒(1):将机械系统连接板(7)连接到输入杆(9)。拆下输入手柄校装销(8)。

转到步骤 7)。

6)检查可调式水平安定面机械控制:

对可调式水平安定面机械控制进行目视检查,参考 AMM 27-41-00-210-003、AMM 27-41-00-210-002 以及 AMM 27-401-00-210-001。

a.拆卸可调式水平安定面控制钢索,参考 AMM 27-41-44-000-001。

b.检查轴(2)和(4)的轴承。

c.安装可调式水平安定面控制钢索,参考 AMM 27-41-44-00-0000001。

d.将轴(4)连接到止动块和齿轮组(5):

—安装锥形销(12)。

—拆下标准锁紧螺栓(10)。

—拆下固定工具-配平操纵下部轴。

e.将轴(2)连接到可调式水平安定面作动筒(1);将机械系统连接板(7)连接到输入杆(9)。

f.转到步骤 7)。

7)对可调式水平安定面作动筒电气控制进行系统测试,参考 AMM 27-401-00-730-001。

8)可调式水平安定面作动筒电气控制的操作测试,参考 AMM 27-96-00-710-022。

注意:保持绿色和黄色液压系统加压。

9)进行自测设备(地面检查)的电传式飞行操作系统测试,参考 AMM 27-96-00-740-001。

注意:保持绿色和黄色液压系统加压。

a.如果电传式飞行操作系统测试给出维护消息:

2 号升降舵副翼计算机中可调式水平安定面的作动筒(9CE)位置错误。

1 号升降舵副翼计算机中可调式水平安定面的作动筒(9CE)位置错误。

2 号扰流板升降舵计算机中可调式水平安定面的作动筒(9CE)位置错误;转到步骤 10)。

b.如果电传式飞行操作系统测试未提供维护消息:无须维护操作。

10)将俯仰调整控制轮从一个极限位置转到另一个极限位置并返回到中间位置:

—如果发现压力达到,请更换可调式水平安定面作动筒(9CE),参考 AMM 27-44-51-000-001 和 AMM 27-44-51-00-0000001。

—如果发现压力没有达到,将绿色和黄色液压系统减压并转到步骤 4.C。

子任务 27-40-00-810-062-A

C.更换两个位置传感器,参考 AMM 27 - 44 - 56 - 000 - 001 和 AMM 27 - 44 - 56 - 00 -00001。

如果故障仍然存在,更换俯仰调整作动筒参考 AMM 27 - 44 - 57 - 000 - 001 和 AMM 27 -44 - 57 - 00 - 0000001。

如果故障仍然存在,更换可调式水平安定面作动筒(9CE),参考 AMM 27 - 44 - 51 - 000 - 001 和 AMM 27 - 44 - 51 - 00 - 0000001。

4.2.4　典型民机起落架系统典型故障处理程序

滑行或牵引过程中前起落架发出噪声(任务 32 - 20 - 00 - 810 - 801)。

1.可能原因

—前起落架支架组件(2526GM)。

—前轮转向动作筒。

—减震器。

2.工作准备信息

A.消耗性材料。

材料编号 02 - 001 的美标 MIL - H - 5606 液压油(参考 20 - 31 - 00)。

B.参考信息。

参　　考	名　　称
AMM 07 - 11 - 00 - 581 - 003	在前顶升点顶起飞机,主起落架机轮在地面
AMM 07 - 11 - 00 - 586 - 001	在飞机前顶点放下飞机,主起落架机轮在地面
AMM 12 - 22 - 32 - 640 - 002	前起落架和舱门的润滑
AMM 32 - 21 - 00 - 200 - 003	检查防扭臂是否间隙过大
AMM 32 - 21 - 00 - 200 - 004	检查起落架铰链轴承的间隙
AMM 32 - 21 - 11 - 000 - 002	拆卸前起落架支柱组件(2526GM)
AMM 32 - 21 - 11 - 400 - 002	安装前起落架支柱组件(2526GM)
AMM 32 - 21 - 13 - 000 - 001	拆卸前起落架减震器
AMM 32 - 21 - 13 - 400 - 001	前起落架减震器的安装
AMM 32 - 51 - 42 - 000 - 001	前轮转向动作筒的拆卸
AMM 32 - 51 - 42 - 400 - 001	前轮转向动作筒的安装

3.故障确认

A.不适用。

4.故障隔离

A.在滑行或牵引过程中,前起落架发出摩擦噪声。

注意:噪声不会危及安全。如果飞机停机时间或设备不足,不允许润滑内部前轮减震支柱,则应在下一次方便的时机进行润滑。

在前顶升点和主起落架顶升点进行飞机顶升(参考 AMM 任务 07 – 11 – 00 – 581 – 003)。

注:顶升飞机直到前起落架轮胎离开地面达到 100mm。

将液压千斤顶置于前起落架减震器下。

用注射器将半升液压油(材料编号 02 – 001)通过筒体内壁支柱后部的注油嘴加入,使液压油向下流至减震支柱。

(参考 A320 飞机前起落架润滑部位,见图 4 – 10/任务 32 – 20 – 00 – 991 – 001)

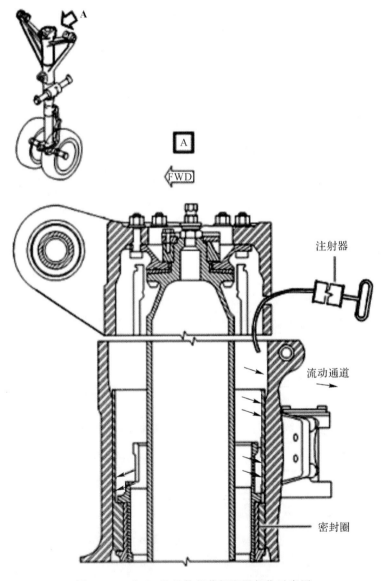

图 4 – 10　A320 飞机前起落架润滑部位示意图

使用千斤顶将前起落架减震器向上移动 70 mm/min,使凸轮脱离,重复操作两次。

手动操作前轮,使减震器旋转正负 45°并保持该状态 1 小时。

在操作前千斤顶,使飞机前起落架落地,保持主起落架在地面上(参考 AMM 任务 07 - 11 - 00 - 586 - 001)。

1)如果故障继续存在:润滑前起落架(参考 AMM 任务 12 - 22 - 32 - 640 - 002)。

2)如果故障继续存在:检查连接前起落架的防扭臂(参考 AMM 任务 32 - 21 - 00 - 200 - 003)。

3)如果故障继续存在:检查前起落架铰链轴承的间隙(参考 AMM 任务 32 - 21 - 00 - 200 - 004)。

4)如果故障继续存在:更换前轮转向动作筒(参考 AMM 任务 32 - 51 - 42 - 000 - 001)和(参考 AMM 任务 32 - 51 - 42 - 400 - 001)。

5)如果故障继续存在:更换减震器(参考 AMM 任务 32 - 21 - 13 - 000 - 001)和参考 AMM 任务 32 - 21 - 13 - 400 - 001)。

6)如果故障继续存在:更换前起落架支柱组件(2526GM)(参考 AMM 任务 32 - 21 - 11 - 000 - 002)和(参考 AMM 任务 32 - 21 - 11 - 400 - 002)。

4.2.5 典型民机电气系统典型故障处理程序

以 A320 飞机火警检测系统故障为例,说明民机电气系统故障的一般排除过程。

ENG 1 的两个火警检测回路故障(TASK 26 - 12 - 00 - 810 - 842)。

1. 可能的原因

—发动机 1 机架回路 A 火警检测器(3WD1)。

—风扇回路 A 火警检测器(4000WD1)。

—中心回路 A 火警检测器(4001WD1)。

—从发动机 1 FDU 的 A I/P 端子到回路 A 上三个火警探测器的接线。

2. 工作准备信息

A. 参考信息。

参 考	名 称
AMM 24 - 41 - 00 - 861 - 002	通过外部电源为飞机电路供电
AMM 24 - 41 - 00 - 862 - 002	切断飞机电路的外部电源供电
AMM 26 - 12 - 00 - 200 - 001	发动机火警探测系统目视检查
AMM 26 - 12 - 00 - 710 - 002	通过集中故障显示系统检测(CFDS)进行发动机火警和过热测试
AMM 26 - 12 - 15 - 000 - 041	拆除风扇火警探测器(4000WD1、4000WD2)
AMM 26 - 12 - 15 - 400 - 041	安装风扇火警探测器(4000WD1、4000WD2)
AMM 26 - 12 - 16 - 000 - 001	拆除塔架火警探测器(3WD1、3WD2、4WD1、4WD2)

续表

参　考	名　称
AMM 26 - 12 - 16 - 400 - 001	安装塔架火警探测器(3WD1、3WD2、4WD1、4WD2)
AMM 26 - 12 - 17 - 000 - 040	拆除中心火警探测器(4001WD1、4001WD2)
AMM 26 - 12 - 17 - 400 - 040	安装中心火警探测器(4001WD1,4001WD2)
AMM 31 - 60 - 00 - 860 - 001	EIS 启动程序
ASM　26 - 12 - 01	

3.故障确认

A.工作准备。

(1)给飞机电路通电(参考 AMM 任务 24 - 41 - 00 - 861 - 002)。

(2)执行电子仪表系统(EIS)启动程序(仅点亮 ECAM 的上下显示单元(DU))(参考 AMM 任务 31 - 60 - 00 - 860 - 001)。

B.测试

在多功能控制和显示单元(MCDU)进行发动机火灾和过热检测的操作试验(参考 AMM 任务 26 - 12 - 00 - 710 - 002)。

4.故障隔离

A.如果测试给出维护信息 ENG1 FIRE LOOP A+LOOP B:

目视检查三个 A 回路火灾探测器(参考 AMM TASK26 - 12 - 00 - 200 - 001)。

(1)如果一个或多个火灾探测器损坏,则更换:

对于发动机 1 机架回路 A 火警检测器(3WD1)(参考 AMM 任务 26 - 12 - 16 - 000 - 001)和(参考 AMM 任务 26 - 12 - 16 - 400 - 001)。

对于风扇回路 A 火警检测器(4000WD1)(参考 AMM 任务 26 - 12 - 15 - 000 - 041)和(参考 AMM 任务 26 - 12 - 15 - 400 - 041)。

对于中心回路 A 火警检测器(4001WD1)(参考 AMM 任务 26 - 12 - 17 - 000 - 040)和(参考 AMM 任务 26 - 12 - 17 - 400 - 040)。

(2)如果没有目视损坏,并且故障仍然存在:

从发动机 1 火警检测单元警告显示 1(FDU WD1)上断开接头 2WD1 - A)。

在连接器接头的接线侧,确保针脚 J 和 K 之间的电阻值介于 1 425 Ω 和 1 575 Ω 之间。

如果测量的电阻值不正确,并且取值为:

—2 137 Ω 和 2 363 Ω 之间:说明有一个火警探测器故障。

—4 275 Ω 到 4 725 Ω 之间:说明有两个火警探测器故障。

—无限:说明有三个火警探测器全部故障或接线故障。

从三个回路 A 火警探测器上断开电气线束:

—在每个火灾探测器的连接器接线端,确保电阻值介于 4 275 Ω 和 4 725 Ω 之间;

—发动机 1 机架回路 A 火警探测器(3WD1)和风扇回路 A 火警探测器(4000WD1)的

A/A 和 A/D 插脚之间的电阻、中心回路 A 火灾探测器(4001WD1)的 A/A 和 A/C 插脚间电阻。

1)如果电阻值不正确:

更换相关火警探测器。

对于发动机 1 机架回路 A 火警探测器(3WD1)(参考 AMM 任务 26 - 12 - 16 - 000 - 001)和(参考 AMM 任务 26 - 12 - 16 - 400 - 001)。

风扇回路 A 火警检测器(4000WD1)(参考 AMM 任务 26 - 12 - 15 - 000 - 041)和(参考 AMM 任务 26 - 12 - 15 - 400 - 041)

中心回路 A 火警探测器(4001WD1)(参考 AMM 任务 26 - 12 - 17 - 000 - 040)和(参考 AMM 任务 26 - 12 - 17 - 400 - 040)。

连接发动机 1 火警探测组件(FDU)上的电气接头 2WD1 - A(2WD1)。

2)如果电阻值正确:

检查并修理发动机 1 火警探测组件(FDU)回路 A 输入至三个回路 A 火警探测器接线(参考 ASM 26 - 12 - 01,如图 4 - 11 所示)。

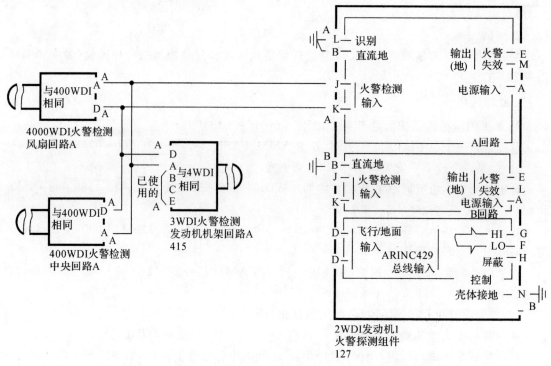

图 4 - 11　A320 飞机火警探测局部图(ASM26 - 12 - 01 局部)

B. 进行步骤 3 中给出的测试工作。

5. 结束

将飞机恢复到初始配置。

(1)在 ECAM 控制面板上,将上显示和下显示控制开关设置为关闭。

(2)断开飞机电路的电源(参考 AMM 任务 24 - 41 - 00 - 862 - 002)。

4.3　典型军机系统故障的排查流程

某型军机助力液压系统如图 4-12 所示,由供压部分、副翼助力部分、应急供压部分和平尾助力等 4 部分组成。下面以其内部密封性故障检查为例,说明军机故障排查的一般过程。

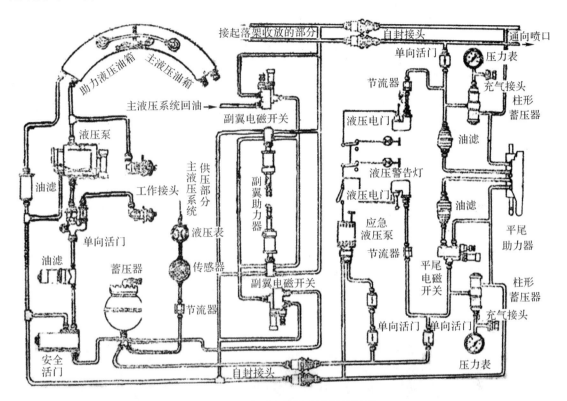

图 4-12　某型飞机助力液压系统图

任务:检查助力液压系统内部密封性。

1. 检查前的准备工作

(1)检查助力液压油箱的油量。

(2)测量助力液压系统球形蓄压器的气压为 50 kgf/cm^2。

(3)接上地面液压泵和地面电源。

(4)接通下列电门(如图 4-13~图 4-15 所示):

1)机上电源电门(右前上 1)。

2)液压警告灯及断开助力液压系统按钮电门(右后下 3)。

3)液压表,起动油压信号灯及副油箱油尽信号灯电门(左上 2)。

2. 检查

(1)向助力系统供压,前后、左右移动驾驶杆 4~5 次,判明助力系统工作是否正常。

(2)检查助力液压系统整体内部密封性。

当压力达到 20 593.9 kPa 后,停止向系统供压,不动驾驶杆,察看座舱液压表。油压由

17 652.6 kPa下降到 14 710.5 kPa 的时间不得少于 5 s。

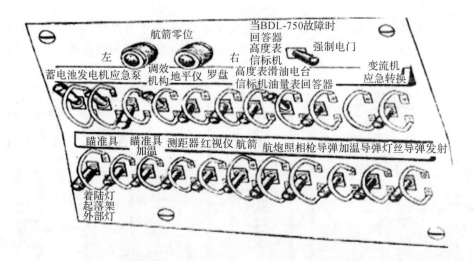

图 4-13　右配电板

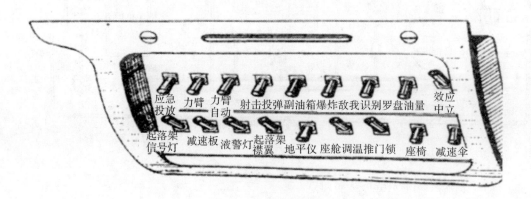

图 4-14　右后侧配电板

　　如果时间符合要求,说明整个系统内部泄漏量在允许范围之内,可以判定整个系统内部密封性符合要求,即可完成工作。

　　(3)分段检查。

　　1)检查副翼助力部分内部密封性。向系统供压,然后关闭地面液压泵,并关闭副翼助力器电门,检查助力供压部分和平尾助力部分的密封性。要求系统油压由 17 652.6 kPa 下降到 150 kPa 的时间不得少于 35 s。

　　如果关闭副翼助力器电门后,油压下降的时间符合要求,而接通副翼助力器的油压下降时间不合要求,说明副翼助力器内部漏油量过大,此时应对有故障得副翼液压助力器进行检查,并予排除。然后,重新检查整个系统密封性和副翼助力部分密封性。

　　如果关闭副翼助力器电门后的油压下降时间也不符合要求(少于 35 s),则要分段检查平尾助力部分和供压部分的密封性。

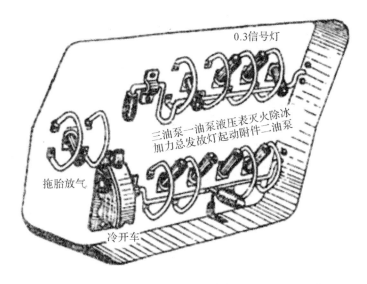

图 4-15 左配电板

2)检查平尾助力部分的密封性。检查应当在柱形蓄压器充气压力符合规定,副翼助力器电门在接通条件下进行。

a.向系统供压到 20 593.9 kPa 后,停止供压,左右移动驾驶杆,消除助力供压部分的油压,使座舱液压表指示为零。

b.保持驾驶杆不动,通过柱形蓄压器压力表指示判断平尾助力部分的密封性。要求油压由 17 652.6 kPa 下降到 14 710.5 kPa 的时间不得少于 15 s。

如果时间少于 15 s,应当断开平尾助力器的供压油管,进一步分段检查、判断平尾电磁开关前后两条油路的密封性。其方法是:按下座舱内断开助力系统按钮(即关闭电磁开关),断开平尾助力器的供压油路。在此条件下,再次检查平尾助力部分的密封性,要求油压由 17 652.6 kPa下降到 14 710.5 kPa 的时间不得少于 4 min。

如果断开平尾助力器供压油路后,密封性良好(超过 4 min),说明平尾助力器漏油量过大,应予排除。

如果断开平尾助力器供压油路后,密封性不好(少于 4 min),应进一步检查柱形蓄压器和平尾电磁开关的密封性,查明故障件,予以排除。

3)检查助力供压部分的密封性。

a.拆开机身前后段助力供压管路上的自封接头,断开到平尾助力部分及应急供压部分的油路。

注意:禁止拆开回油管路上的自封接头,防止回油管路压力过大而导致柱形蓄压器低压腔和回油导管爆破!

b.向系统供压到 20 593.9 kPa,然后停止供压,并关闭副翼助力器电门,油压由 17 652.6 kPa 下降到 14 710.5 kPa 的时间不得少于 150 s。

c.如果时间不符合要求,要分别检查助力供压部分的安全活门,液压出口管路上的单向活门,地面供压接头单向活门的密封性,查明故障件,并予以排除。

4)分段检查平尾助力部分和供压部分密封性良好,而整个助力液压系统内部密封性仍不符合要求(小于 35 s),原因可能是应急电动液压泵出口关路上的两个单向活门内部不密封。

5)分段检查和排除系统内部不密封的故障后,要重新检查整个主力液压系统的内部密封性。

综上所述,某型飞机助力液压系统各部分内部密封性检查的判断流程可归纳为图 4-16。

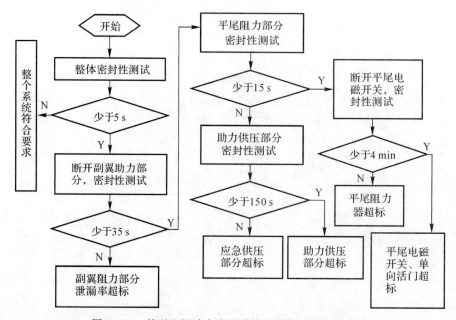

图 4-16　某型飞机助力液压系统内部密封性检查流程

(4)单独支路元件检查。

当怀疑某支路有元件内部泄漏量超标时,可依次断开该支路可能的故障元件回油接头,在该支路维持 20 593.9 kPa 供压时,在回油接头位置以量杯测量漏油量。如果大于该元件的内部泄漏量允许值,则说明该元件内部泄漏量超标。

参 考 文 献

［1］ 任仁良.维修基本技能（ME、AV）［M］.北京:清华大学出版社,2010.

［2］ 张凤鸣,郑东良,吕振中,等.航空装备科学维修导论［M］.北京:国防工业出版社,2007.

［3］ 陈果,李爱.航空器检测与诊断技术导论［M］.北京:航空工业出版社,2012.

［4］ 艾延廷,王克明,沙云东,等.航空器发动机状态监测与故障诊断技术［M］.北京:北京理工大学出版社,2017.

［5］ 陈志英,陈光.航空发动机维修性工程［M］.北京:北京航空航天大学出版社,2013.

［6］ 郭博智.民用飞机维修性工程［M］.北京:航空工业出版社,2018.

［7］ 李永刚,白冰如.飞机维护［M］.西安:西北大学出版社,2011.